K.J.T. 1872

Schelten-Wörterbuch

Die Berufs-, besonders Handwerkerschelten und Verwandtes

Von

Dr. Heinrich Klenz

Straßburg

Verlag von Karl J. Trübner

1910

Dem

Deutschen Wortforscher

Friedrich Kluge

gewidmet

Vorwort.

Die im folgenden angeführten Schimpf- und Spott- (Ekel-, Neck-, Spitz-)namen, wie auch bloßen Scherznamen der verschiedensten Berufe, besonders der Handwerker, sind teils aus dem Volksmund in Nord-, Mittel- und Süddeutschland, teils aus der deutschen Literatur vom 16. Jahrhundert bis in die Gegenwart gesammelt. Dabei haben die niederdeutschen und die meist aus dem Hebräischen stammenden Gaunerwörter eine weitgehende Berücksichtigung gefunden. Somit dürfte hier zum erstenmal eine ziemlich reichhaltige Zusammenstellung der Schelten und verwandter Ausdrücke geboten sein.

Für freundl. Mitteilungen bin ich besonders den Herren Stadtbibliothekar Dr. Erwin Ackerknecht in Stettin, Walther Brügmann in Leipzig, Friedrich Cammin in Groß-Lantow, Paul Kopp in Stettin, Privatdozent Dr. Hans Schulz in Freiburg (Baden), Professor Dr. Wilhelm Uhl in Königsberg und Emil Westphalen in Hamburg zu Dank verpflichtet.

Abdecker (Froner):

Buffer, Puffer (J. L. Frisch, Teutsch-Lateinisches Wörter-Buch 1741; zu mhd. buffen = puffen, stoßen).

Entdecker (Jenaer Fleischerordnung 1603, bei Adrian Beier, Handwercks-Lexicon 1722 S. 111 u. 419; statt „Abdecker", weil „die guten Leute den Mund mit einem so unsaubern Wort nicht verunreinigen wollen").

Faber (Gaunersprache, bei Hans Ostwald, Rinnsteinsprache 1906; schwerlich das lat. faber).

Fallmeister.

Feldmeister (Beiers Handwercks-lex. 1722 S. 119; so nennen ihn die Handwerker, „um ihren Mund auch so fern rein zu behalten, weil das offene Feld seine Werckstatt ist").

Fetzer (Gaunersprache, bei Ostwald; zu „fetzen" d. i. schneiden, vgl. „zerfetzen"; — auch für Fleischer).

Freiknecht (s. d. folgende).

Freimann (Gaunersprache, bei F. Tetzner, Deutsches Wörterbuch s. v. welsch; vgl. Freimeister unter Handwerker i. allg. a).

Halbmeister (Gaunersprache, bei Tetzner s. v. welsch).

Hundschlager (Frisch 1741; eigtl. der Hundefänger; für einen Abdeckerknecht).

Kaviller (im Vocabular. des zw. 1512 u. 1516 zu Augsburg erschienenen Liber Vagatorum [Weimarisches Jahrbuch, Bd. IV 1856 S. 98] als „Caveller" gebucht; wohl zu hebr. כָּפַל d. i. zusammenfalten, -legen, und später an „Biller", urspr. der das Fell abzieht, angelehnt; ward schließlich Berufsbezeichnung).

Keiben- und Schelmen-Schinder (Geiler von Kaisersberg [† 1510], Postill, Bl. 160 b, bei Frisch II 173; mhd. keibe d. i. Leichnam, schëlm d. i. Aas; s. Schinder).

Kleemeister (Württemberg; Frisch 1741; vgl. Feldmeister).

Kofler (Gaunersprache, bei Ostwald; zu hebr. כָּפַל, s. Kaviller).

Puffer s. Buffer.

Quiengoffer (Gaunersprache, im Vocabular. des Liber Vagatorum a. a. O. S. 99 durch huntschlaher erklärt; „Quien" wohl nicht mit L. Günther, Das Rotwelsch 1905 S. 32 aus griech.

κύων oder franz. chien, sondern zu hebr. קִין = קין d. i. klagen, heulen; „Goffer“ zu „goffen“ d. i. schlagen; Ostwald schreibt „Quinkuffer“ u. hat auch „kuffen“ d. i. etwas bei Nacht aus dem Hause stehlen; — auch in Fischarts Gargantua Bl. 11; für einen Abdeckerknecht).

Racker (schon in Nathan Chyträus' [† 1598] Nomenclator Latino-saxonicus col. 308 u. in Lauremberg's niederd. Scherzgedichten 1652 I V. 156; zu mittelniedd. racken d. i. den Unflat zusammenkehren; — dann übh. s. v. w. Schlingel).

Schinder (eigtl. „der Enthäuter“; früher vielerorten die übliche Berufsbezeichnung).

Schoband (früher in Rostock, s. Beiträge zur Gesch. d. Stadt R. IV 4) 1907 S. 31; „Abschupper“?; Frisch, der Fausts Lübeckische Chronik zitiert, erklärt es durch vespillo d. i. Totengräber).

Streifer (Umschreibung d. für unrein geltenden Wortes bei den Fleischern ebenso wie „Entdecker“, s. dort).

Ungenannter Mann (Umschreibung bei den Gerbern, Beiers Handwercksler. s. v. Aas).

Wasenmeister (oberdtsch.; Frisch zitiert Stettlers Annales Helvetiae u. die Hessische Jagdordnung v. 1624; Wasen = Rasen; vgl. Feldmeister).

Witmaker (Bremisch-nied.-sächs. Wörterb. VI 1869 S. 418; zu „wit maken“ = weiß machen d. i. dem verreckten Vieh das Fell abziehen).

Abgeordneter:

Fasan von dem Großherzog (bei F. Reuter, Ut mine Stromtid, Kap. 21 bezeichnet sich so Pomuchelskopp, „hei wull ‚Vasall‘ seggen“; früher trugen nur die adligen Rittergutsbesitzer auf dem mecklenburgischen Landtag einen roten Frack; dann übh. für einen mecklenburgisch. Landtagsabgeordn.).

Tribun (lat. tribunus [plebis]).

Wadenstrümpfler (zuerst von Franz Mehring in der „Volkszeitung“ in bezug auf diejenigen Mitglieder der freisinnigen Parteien gebraucht, welche mit Escarpins bei Hof erschienen; s. Richard M. Meyer, Vierhundert Schlagworte 1900 S. 82 f.; — „Parlamentarische Spitznamen“ einzelner Staatsmänner, Abgeordneter und Gesetze hat Friedr. Lorenzen im „Berliner Tageblatt“ 1904 Nr. 316 behandelt).

Wasserstiefler (für ein Mitglied der von Eugen Richter geführten Freisinnigen Volkspartei).

Wilder (eigtl. für einen keiner Landsmannschaft angehörenden Studenten, s. Kluge,

Studentenspr.; neben „Strandläufer" schon bei Laube, Das erste d. Parl. 1849 III 41 für einen keiner bestimmten Partei angehörenden Abgeordneten, s. O. Ladendorf, Histor. Schlagwörterb. 1906 S. 344).

Altertumsforscher:

Knakenpurrer (niedd., Mecklenburg; „Knaken" = Knochen; „purren" d. i. herumstochern; so wurde besonders der Schweriner Geh. Archivrat Friedr. Lisch [†1883], der zahlreiche Gräber der Vorzeit ausgrub, zubenannt, vgl. H. Seidel, Erzählende Schriften VII S. 217 f.).

Purrunkel (niedd., Mecklenburg, bei O. Weltzien, Kronika van Swerin 1909 S. 74 in bezug auf Schliemann; „Unkel" = Onkel).

Althändler(in):

Altbüßer (Golii [† 1600] Onomasticon bei Frisch, Teutsch-Lat. Wörterb. 1741 S. 22; „büßen" = (aus)bessern, wie in „Lückenbüßer").

Aufmutzer (Dasypodii Lex. 1537 bei Frisch S. 680, erklärt durch mango; eigtl. der eine alte Ware aufputzt).

Gerümpelkrämer, Gerümpelweib (Frisch II 136, erklärt durch scrutarius etc.).

Haderlump (Matthiae, Manuale lex. lat.-germ. 1748 s. v. veteramentarius) u. Haderlumper (ders. im deutsch-lat. Wörterverzeichnis; s. unter Lumpensammler).

Käufler (Frisch S. 503, der die Straßburgische Polizeiordng. zitiert, erklärt durch scrutarius).

Kleider-Seller (Frisch II 263, erklärt durch scrutarius), Klëerseller (niedd., Göttingen-Grubenhagen, bei Schambach 1858), Kleiderselle-rin (Mecklenburg), Kleider-Sellersk (Westfalen, bei Adrian Beier, Handwercks-Lexicon 1722 S. 394) (zu mhd. sellen d. i. im kleinen verkaufen, vgl. engl. to sell).

Klufkjee (Berliner Ausdruck u. Kundensprache; Ableitung siehe unter Schneider; für einen der mit alten Herrenkleidern handelt).

Kungelpeterske (Münster in Westf.; „kungeln" s. v. w. vertauschen).

Manger, Mänger (Frisch S. 639, erklärt durch permutator d. i. Vertauscher; aus lat. mango).

Merzler (Altenstaigs Vocabular. 1508 bei Frisch S. 659, erklärt durch mango u. Trödler).

Mühlendammer (in Berlin früher für einen, besonders auf dem Mühlendamm, mit alten Herrenkleidern Handelnden; s. Hans Meyer, Der Richtige Berliner, 6. Aufl. 1904).

Paretles-Wäscher (Pictorii Lex. 1561 bei Frisch S. 66, erklärt durch interpolator d. i. Erneuerer alter Waren).

Poppenkrämer (Fons Latinitatis 1653 s. v. scrutarius).

Pranger (Frisch II 69: „eine Tändlerin, die alte Waaren verkauft, die Haub und Schaub an den Pranger hängt" usw.).

Sonnenkrämer (Fons Latinitatis 1653 s. v. scrutarius, Reyheri Lex. lat.-germ. 1686 s. v. frivolarius; Matthiae, Manuale lex. lat.-germ. 1748 s. v. frivolarius; in Hübners Gewerck- und Handlungs-Lexicon [zuerst 1712] ältere Bezeichnung für Part-Kramer od. Partirer, die „allerhand Waaren von andern Handwercks- und Kauff-Leuten erhandeln, und Partie-weise in den Buden [also gewissermaßen in der Sonne], nicht aber in Gewölbern, wiederum verkauffen; welcher Unterscheid sonderlich in Breßlau beobachtet wird"; von Frisch II 287 durch Trödler und Buden-Sitzer erklärt).

Spangenkrämer (Fons Latinitatis 1653 s. v. scrutarius).

Tendler (jüdisch-deutsch, b. Jac. Gerzon, Die jüdisch-deutsche Sprache 1902 S. 101; schon mhd. tendeler).

Trödler (früher auch „Trädeler", z. B. in Reyheri Lex. lat.-germ. 1686; über Ableitung s. Kluges Etymol. Wörterb. s. v. trödeln).

Vertuscher (Altenstaigs Vocabular. 1508 bei Frisch II 395; = Vertauscher, vgl. oben).

Apotheker:

Abdecker (volksetymolog.).

Arzneidütler (Fischart, Gargantua [zuerst 1575] 151a; wohl zu „Düte").

Arzneischmecker.

Generalstabsfähnrich (Soldatensprache, Horn S. 126).

Giftkoch.

Giftmischer (in der Kundensprache auch für Destillateur und für Arzt).

Gläserlecker.

Katteiker (niedd., Mecklenburg; eigtl. das Eichhörnchen).

Kräuter-Koch (Rachel, Satiren VIII 1677 V. 411).

Lateinischer Koch (d. h. studierter Koch; vgl. „Latinsch Buer").

Medicorum Koch (Flögel, Gesch. d. kom. Lit. 1784 I 25).

Mörselknecht (Rachel, Satiren VIII 1677 V. 411; Mörsel = Mörser).

Neunundneunziger (weil er angeblich 99% nimmt [vgl. Lehmans Florilegium Politicum auctum 1662 S. 62: „Apotecker sind die grösten Wucherer, sie geben vor einen Thaler, vnd nehmen es vor einen Batzen nit wieder"]; nach C. J. Weber [† 1832], Demokritos XI Kap. 3

bewies aber ein Apotheker, daß „die Buchstaben im Worte Apotheke nach Zahlen, A = 1, p = 15 usw., gerade 99 machen"; das ergibt sich in der Tat für „Apotheeker"!).

Pflasterschmierer (auch in der österr. Soldatensprache nach Horn S. 126), Plasterstriker (niedd., Mecklenburg).

Pillendrechsler, Pillendreher, Pillenmacher.

Pillenhändler.

Pillenschiter (niedd., Mecklenburg).

Stazauner (früher in Bayern; Frisch II 321 zitiert ein Vokabular v. 1482; mhd. statzûner; von ital. stazione d. i. Verkaufsladen).

Stöpsel (Tübingen, für einen Studenten der Pharmazie; von den Pfropfen der Arzneifläschchen).

Subjekt (C. J. Weber a. a. O.; früher für einen Apothekergehilfen).

Die Apotheker gelten für etwas wunderlich, ja man spricht von einem „Apothekerklaps", und Dr. Willy Hellpach in Karlsruhe hat ihn vor einigen Jahren sogar wissenschaftlich zu begründen versucht.

Arbeiter:

Löwe (Hamburg; für einen Gelegenheitsarbeiter).

Schinägler, Schinnagler (Kundensprache; eigtl. der Sträflingsarbeit verrichtet, zu „Schin-agole" d. i. Schubkarren, s. Günther S. 44; Ostwald hat „Schinnagelsgeist").

Arbeitswillige zu Streikzeiten oder Streikbrecher schilt man in Hamburg „Heidelberger", in Halle a. S. neuerdings „Nichtraucher".

Artist:

Cousin (so reden sich die Clowns an).

Düiwelkeler (niedd., Paderborn; = Teufelskerl).

Kunstenmaker (niedd., F. Reuter, Läuschen un Rimels I 56 V. 8).

Kunststückmacher (Glaßbrenner), Kunststückmaker (niedd., F. Reuter, Ut mine Stromtid, Kap. 13).

Liniendäntzer (niedd., in Schnobels [† 1802] Zusätzen zum Lübischen Wörterbuche des Jacob v. Melle [Jahrb. d. Ver. f. niedd. Sprachforschg. 1909 S. 29]), Linientänzer u. Leinentänzer (Frisch 1741) („Linie" s. v. w. Leine; für einen Seiltänzer).

Luftspringer (Frisch II 309).

Muskelpietsch (für einen Kraftmenschen; „Pietsch" s. v. w. Berühmtheit?, über den volkstümlichen Berliner Lumpensammler dieses Namens s. den

Richtigen Berliner, der auch „Soldatenpietsch“ als Beiname Wrangels anführt).

Siehe auch unter Varietésängerin!

Arzt:

Afterarzt (Das Reich der Meinungen 1806 S. 154; für einen quacksalbernden Arzt).

Äskulap.

Autor (so nennen die Ärzte einen Fachgenossen, der gegen Bezahlung empfehlende Gutachten über chemische Erzeugnisse schreibt; er steht auf der „Autorenliste“).

Barachschaber (Gaunersprache, bei Ostwald; „Barach“ d. i. Krätze, hebr. פְּרַח).

Bauerndoktor (für ein. wenig höflichen Arzt).

Beinsäger (Österr. Soldatensprache, Horn S. 126; für Militärarzt).

Bloodaftapper (John Brinckman [† 1870], Ausgew. plattd. Erzählgn. III 1886).

Charlatan (marktschreierischer Arzt; aus dem Französischen, s. Kluge, Etymolog. Wörterbuch, in dessen 7. Aufl. s. v. Scharlatan als Grundwort neulat. ceretanus d. i. fahrender Schüler — unter Einwirkung von ital. ciarlare d. i. schreien — angegeben wird).

Dokter Hütentüt (niedd., mit u. ohne Zusatz: „de de Kranken dat Lock besüht“ oder „de den Lüden dat Water besüht“, oder „de den Kranken de Piß besüht“; s. Korrespondenzbl. d. Ver. f. niedd. Sprachforschung 1909 S. 93 f.).

Doktor Dünnmantel (Rud. Eckart, Stand u. Beruf im Volksmund [1900] S. 61; für einen armen Arzt).

Doktor Eisenbart (nach dem bekannten Studentenliede für einen quacksalbernden Arzt; das Grabdenkmal des in Magdeburg ansässigen, 1727 verstorbenen „Kgl. Großbritannischen u. Kurfürstl. Braunschweig-Lüneburgischen privilegierten Landarztes“ Joh. Andr. Eisenbart ist noch heute in Hannoversch-Münden zu sehen; s. „Universum“, Jahrg. IX, 1893 Nr. 11; wohl identisch mit dem Allerwelts-klystirer Dr. E=== bei Picander, Ernst-, scherzhafte u. sat. Gedichte II 1751 S. 330).

Feld-, Wald- und Wiesen-Doktor (für einen unbedeutenden Arzt).

Fleckiger Doctor von Noacken aus den joldnen Hut (Berlin, bei Glaßbrenner).

Fürwitz (Gaunersprache; auch für Barbier).

Giftmischer (Kundenspr., bei Ostwald; auch für Apotheker).

Harnbeseher, Harngucker (vgl. die niedd. Spottreime bei C. J. Weber, Deutschland III 1828 S. 763: „Heer

Doctor Melih, Besee he de Pih, Sin 4 Schilling sind em wiß").

Heimschicker (Kundenspr., bei Ostwald).

Hippopokratztes (Berlin, bei Glaßbrenner; Verunstaltung von „Hippokrates", dem berühmten griech. Arzte).

Karbolfähnrich (Soldatenspr., Horn S. 126; für Unterarzt).

Kaspar Fehlinger (Gaunersprache, Günther S. 80, vgl. Kluge, Rotwelsch S. 272; „kaspern" s. v. w. betrügen, wohl nach Stumme S. 20 aus hebr. כָּזַב d. i. lügen; „Fehling" s. v. w. Arznei — feling wird im Vocabular. d. Lib. Vagatorum 1512—16 [Weimar. Jahrb. IV S. 96] durch „Krämerei" erklärt —, Stumme S. 20 weist hin auf: „Es fehlt ihm etwas" im Sinne von: „er ist krank", besser Horn, Soldatenspr. S. 26 auf „feil halten").

Klistirsprüttenmeister (John Brinckman a. a. O.; vgl. Klystill, wie Lessing, Sinngedichte 122 einen Arzt nennt).

Knochenschuster (Soldatenspr., Horn S. 126; für Marinearzt).

Krankheitsbändiger (Thümmel).

Lakritzenfähnrich (im Munde eines Offiziers, bei Emmi Elert, Zaungäste des Glücks 1905 S. 25).

Landarzt (nach Frisch 1741 S. 568 „bei einigen ein verächtlicher Name").

Lazarettfähnrich (Soldatenspr., Horn S. 126; für Unterarzt).

Menschenfiller (Eckart a. a. O.; „der den Menschen die Haut abzieht" d. i. sie tötet).

Menschenflicker (Lehmans Florilegium Politicum auctum 1662 S. 58: „Artzt seynd vnsers Herrn Gottes Menschenflicker: Wie kan der ein Ding geschicklich bessern vnd gut machen, der nicht weiß, wie es gemacht vnd gefügt ist"; danach „unseres Herrgotts Menschenflicker" bei Ettner 1719; s. a. unter Chirurg; schon in Luthers Tischreden Bl. 200 heißt es: „Ein Arzt ist Gottes Flicker, hilft leiblich"; vgl. auch Str. 4 des Studentenliedes „O alte Burschenherrlichkeit" [1825]: „Der schilt die sünd'ge Seele aus, Und der flickt ihr verfallnes Haus").

Messerheld (für einen Operateur).

Monddoktor (C. J. Weber, Demokritos XI Kap. 3).

Oltflicker (John Brinckman a. a. O.).

Pflasterkasten (Soldatenspr., Horn S. 126; für Militärarzt u. Lazarettgehülfe).

Pflasterschmierer (Öst. Soldatenspr., Horn S. 126; für Militärarzt).

Pillander, Pillificus (Herrn von Hoffmannswaldau und andrer Deutschen auserlesene und bißher ungedruckte Gedichte VI 1709 S. 50. 251).

Pillenkönig (Weisflog).

Pöckerer (Gaunersprache, bei Ostwald; zu „pöckern" d. i. sterben, und dies zu hebr. פֶּגֶר d. i. Leichnam).

Pulsgreifer.

Purgantius (Pfeffel).

Quacksalber (nach Kluge, Etymolog. Wörterb. aus dem Niederländ. u. eigtl. s. v. w. ein schwatzender, prahlender Salbenhändler; n. a. zu „queck": Händler mit Lebenssalben).

Raufe (Gaunersprache, von hebr. רֹפֵא d. i. heilend).

Rother Mantel (Hippel; wegen des scharlachroten Doktormantels).

Schinder (Dirnensprache, bei Vorstel und Kundenspr., bei Ostwald; vgl. Taubmanniana 1737 S. 204: „Als Taubmannus einen Wirth, einen Artzt und einen Scharff-Richter beysammen stehen sahe, sprach er: Das sind die drey vornehmsten Schinder; denn der Wirth schindet die Gesunden, der Artzt die Krancken, der Scharffrichter [als Abdecker] die Todten").

Schröpkoppenölst (John Brinckman a. a. O.).

Sohn Äskulaps.

Stolpertus („junge Doktores Stolperi" u. „junge Stolperi" kommt in Webers Demokritos XI Kap. 3 mehrmals vor; es muß aber „Stolperti" heißen, denn unter dem Titel „Stolpertus, ein junger Arzt am Krankenbette" erschienen 1777—1807 5 Bändchen anonym [Verf. ist der Heidelberger Professor Franz Anton May], worin ärztliche Fehlgriffe humoristisch geschildert werden).

Tinkturian (Pfeffel).

Trichine (Gaunersprache).

Urindoktor, Urinprophet (letzteres bei C. J. Weber, Demokritos XI Kap. 3).

Wurmdoktor.

Siehe auch unter „Rechtsgelehrter" am Ende, Anm.!

Astronom:

Hebenkiker, Hemenkiker (niedd., bei Schambach, Göttingisch-Grubenhagen'sches Idiotikon 1858 S. 315; = Himmelseher).

Sterne-Kiker (niedd., Nathan Chyträus' [† 1598] Nomenclator Latino-saxonicus col. 188), Sternen-Gücker (J. Bohemus, Horaz' Oden übs., Dresden 1653), Sterngiekler (Albrecht, Leipziger Mundart 1881), Stîrnkiker (niedd., Mecklenburg).

Auditeur (Kriegsrichter):

Galgenschieber (österr. Soldatensprache, Horn S. 58).

Oberverdachtschöpfer (bayr. Soldatensprache, ebenda).

Auditor:

Amtskonditer (in Mecklenburg früher für den Assessor ohne Stimmrecht an einem Domanialamte).

Aufkäufer:

Hauhnerkirl (niedd., Mecklenburg; eigtl. der auf dem Lande „Hühner" aufkauft).

Kiepenkerl (niedd., Westfalen; für einen der auf dem Lande Butter, Eier und Hühner aufkauft und in einer „Kiepe" d. i. einem Rückenkorb in die Stadt zum Verkauf bringt; ihm ist zu Münster in Westf. auf dem Alten Fischmarkte ein Denkmal errichtet; auch führt ein westfäl. Volkskalender seit 1909 seinen Namen).

Upköper (niedd., = Aufkäufer; meist in verächtlichem Sinne).

Ausläufer (Laufbursche):

Holunk (Schlesien, 2. Hälfte des 16. Jahrh.; s. Kluges Etymol. Wörterb. 7. Aufl. s. v. Halunke).

Loofkeile, Loofkeule (Dirnensprache, bei Borstel und Kundensprache, bei Ostwald).

Puttköter (niedd., Mecklenburg; „putteln" s v. w. mit kleinen, aber schnellen Schritten gehen; „Köter" s. v. w. Hund).

Ausrufer:

Schockfreier (Gaunersprache bei Ostwald; „Schock" [zu hebr. שָׁכָה oder שָׁגַח d. i. schauen?] bedeutet alles was zum Schaubudenleben gehört; „Freier" s. v. w. Werber; für den Ausrufer bei einer Schaubude).

Auswanderungsagent:

Moderner Sklavenhändler (Zeitungsdeutsch).

Seelenverkäufer (Albrecht, Leipziger Mundart 1881; vgl. Frisch 1741 II 254: „Seel-Verkaufer, in Holland, qui navigantibus in Indiam homines adducit ut in navibus serviant"; — um die Mitte des 18. Jahrh. nannte man so auch die preußischen Werber).

Bäcker:

Affe (Kundensprache, bei Ostwald; Abkürzung von „Teigaffe"; s. da).

Aufner (Gaunersprache, aus hebr. אֹפֶה d. i. Bäcker).

Bannifex (Studentenspr., bei Janeser Potorianus [d. i. Joh. Prätorius], Philosophia Salustiana 1664 p. 178; verunstaltet aus mittellat. panifex, „Brotmacher").

Deechaffe (Berlin; „verknet'ter D." bei Glaßbrenner), Deigap (niedd., Mecklenburg) = Teigaffe.

Gottesgabendrechsler (Kundensprache).

Hutzelbäcker (Sachsen; „der verschrumpfte Brötchen backt").

Jartute (Dresden, in der Leipziger Ztg. 1905 Nr. 57; die abgestrichene Backware wird in die „Jarkästen“ geschoben, wo sie gart, d. h. von der Hefe aufgetrieben wird; dieses Garen wird von den Bäckern auch im Sinne von: nicken während der Arbeit, gebraucht; also s. v. w. Schlafmütze).

Kennschütz (Kundenspr., bei Ostwald).

Kessel-Hautze (nach Adr. Beiers Handwercks-Lexicon 1722 S. 214 „derjenige, so beym Pretzel-Backen das Feuer unter dem Kessel in acht nimmet“; Frisch 1741 schreibt „Kessel-Hautz“; s. Hauz unter Landmann).

Kikin'n Aben (Wossidlo, Imperativ. Bildungen im Niedd. 1890 Nr. 168; = „Guck in den Ofen“).

Knödel (Kundenspr., bei Ostwald).

Knüwkesdreiher (niederd., Münster in Westf.; „Brötchendreher“, zu „Knüwken“ d. i. Brotecke [Knust] u. Brötchen, kleines Brot).

Legumschieber (Gaunersprache, bei Ostwald; „Legum“ = „Lehm“, s. d. folgende).

Lehmer (Gaunersprache, zu „Lehm“ aus hebr. לֶחֶם d. i. Brot).

Lehmpflanzer (desgl., Stumme 1903 S. 15).

Lehmschütz (desgl., bei Ostwald).

Löbenschütz (Gaunerspr.; schwerlich mit Günther S. 28 u. 93 aus „Löben“ = Leben = לֶחֶם d. i. Brot und „Schütz“ = Schecks = שֶׁקֶץ d. i. eigtl. Greuel, dann Christenknabe; noch weniger mit Tetzner s. v. welsch zu „Laib“; auch wohl nicht verwandt mit „Leb“kuchen; sondern wahrscheinlich gleich dem folgenden, da lêb im Jüdisch-Deutschen den Löwen bedeutet).

Löwenschütz (im Loblied der Bäcker aus dem 17. Jahrh., bei O. Schade, Deutsche Handwerkslieder 1865 S. 3, wird nicht nur dieser Name gebraucht, sondern es wird auch erwähnt, daß Kaiser Karl IV. den Bäckern im Wappen zwei Löwen, die eine Krone halten, verliehen habe; der Löwe ist das Attribut des hl. Evangelisten Marcus, und dieser gilt als Patron für gute Ernte, s. Kerler, Die Patronate der Heiligen 1905 S. 88; — zu „Schütz“ ist der Bäckerausdruck „die Meister-Schüsse backen“ für „das Meisterstück machen“ zu vergleichen, s. Adr. Beier, De domesticis opificum 1695 p. 77. 123 und Handwercks-Lex. 1722 S. 269 f.; vgl. auch: „das Brot in den Ofen schießen“ und „Schießer“ s. v. w. erster Bäckergeselle).

Luffentramper (niedd., bei Schambach, Göttingisch-Grubenhagen'sches Idiotikon 1858;

„Luffe(n)“ ist der Name eines Gebäcks; „Tramper“ s. v. w. Treter).

Mantelherr (ein den Bäckern von den Müllern beigelegtes Spottwort, „zu verstehen gebend, daß sie ja so erbar auch nicht zur Mühle kähmen“, Beiers Handwercks-Lexikon 1722 S. 262).

Marcusbruder (Vollmanns Burschikoses Wörterbuch 1846), Sanct Marcus Bruder (Loblied der Bäcker aus dem 17. Jahrh. bei Schade a. a. O. S. 4) (diese Benennung geht wohl nicht auf den hl. Marcus als Patron für gute Ernte [s. Löwenschütz] zurück, sondern auf die rege Beteiligung der Bäckergesellen an der 1487 von Kaiser Friedrich III. privilegierten Fechtergesellschaft St. Marcus vom Löwenberg in Frankfurt a. M.; die bei den Handwerkern, nach Beiers Handwercks-Lexicon 1722 S. 337 besonders auch bei den Kürschnern sehr beliebten Fechtergilden, von denen noch die später entstandenen Federfechter und Luxbrüder zu nennen sind, welch letztere gleichfalls in die Studentensprache eindrangen [„Luxbruder“ für „Betrüger“ in Kindlebens Studentenlex. 1781], wurden allmählich durch die Schützenkompagnien verdrängt).

Maropflanzer, Maroschieber (Gaunersprache, Günther S. 31; zigeunerisch mâro s. v. w. Brot).

Mehlwurm (vgl. das „Wurmfest“, wie das Jahresfest der Bäcker hieß; — auch Schelte für den Müller, u. in der Soldatenspr. u. a. für den Proviantbeamten).

Pfister (ist keine Schelte, sondern die aus lat. pistorem früh entlehnte bayr.-alemannische Berufsbezeichnung, s. Kluges Etymolog. Wörterb.).

Posler (so nannte man in Nürnberg die unterste Stufe der Bäckergesellen, s. Hübner s. v. Becker).

Pummelschiter (niedd., Mecklenburg; „Pummel“ s. v. w. Wecken).

Semmelarchitekt.

Semmelschmied (Kundensprache).

Spirbuck (niedd., Mecklenburg; „dünner Bock“ im Gegensatz zu den meist wohlbeleibten Bäckermeistern? [„Spir“ bedeutet eigtl. Halm, „ein Spir“ s. v. w. ein wenig]; für einen unzünftigen Bäcker).

Strumpfsohlenbatailler (Leipzig; „Strumpfsohle“ heißt ein Gebäck; „Batailler“ s. v. w. einer der sich mit etwas herumschlägt).

Stutenbänd (niedd., Münster i. W.; „Stuten“ s. v. w. Weißbrot; „Bänd“ = Bern[ar]d;

eigtl. Spitzname eines Wiedertäufers).

Teegschuster (Sachsen).

Teigaffe[1]) (Kundenspr.).

Teigbildhauer (desgl., bei Ostwald).

Timpenfreter (Laurembergs niedd. Scherzgedichte 1652 I V. 160; etwa „Semmelfresser"; „Timpe(n)" = Zipfel, dann ein Semmelgebäck mit vier Spitzen, s. Braunes Ausg. S. 115).

Wätschelbäcker (für ein. unzünftigen, bes. Dorfbäcker, bei Adrian Beier, Von der Zünffte Zwang, 2. Aufl. 1687 S. 40 — „Wetzschel-Becker" —, Der Meister, 2. Aufl. 1692 S. 215 f. 169. 194. 209 — „Wehtzschelbecker" —, Handwercks-Lexicon 1722 S. 471 unter Bezugnahme auf die Jenaer Bäckerordnungen von 1591 und 1613 — „Wedschel-Becker" [„Wedschel" schreibt auch Frisch 1741, der die Sächsische Bäckerordnung zitiert] — und in Hübners Natur- Kunst- Berg- Gewerck- und Handlungs-Lexicon 1755 s. v. Böhnhasen — „Wetschelbecke" —; das Wort hat aber weder mit „watscheln" d. i. schwankend gehen, noch mit angeblichem „Wedschel" s. v. w. Klumpen etwas zu tun, sondern „Watschel" d. i. Ohrfeige wird in Mitteldeutschland ein Gebäck geheißen haben, wie in Norddeutschl. noch heute „Maulschellen" gebacken werden).

Weisheitsschieber (Kundensprache; beruht auf Wortspiel mit „weiß").

Den Bäckern wird nachgesagt, daß sie gerne das Brot zu klein backen. Bei Weisflog, Phantasiestücke u. Historien (zuerst 1824 ff.) IV S. 17 f. der Ausgabe von 1839 fragt Petrus vor der Himmelstür den Bäcker: „Wie kommt's denn, guter Freund, daß du nur ein Ohr hast? Wo blieb dir denn das andere?" und erhält zur Antwort: „Ach! das habe ich zu Hause an meiner Ladenthüre vergessen, wo mir's der Polizeimeister aus dummem Eigensinne annageln ließ, weil ich ihm das Brod nicht groß genug backen konnte", worauf Petrus: „Der Bösewicht! Wenn das alle Polizeimeister thäten, wie könnte dann ein einziger Bäcker mit Sicherheit auf die edlen Hörwerkzeuge rechnen, die ja doch jedem wie taube Blüthen abfallen müßten"; und S. 20 nennt ihn Petrus: „Stiefvater des hungernden Armen", vgl. die sprichwörtlichen Redensarten (Eckart, Stand u. Beruf im Volksmund [1900] S. 167. 168): „Wenn der Arme weint, dann lacht der Bäcker" und: „Der Bäcker backt für den Lecker". Der Volksmund nennt ferner den Kuckuck einen Bäckerknecht; sein mehlbestaubtes Gefieder stamme daher, daß er in teurer Zeit den Armen von ihrem Teig gestohlen habe; sein Ruf nach

[1]) K. H. Schaible, Deutsche Stich- und Hieb-Worte 1879 S. 24 f., möchte „Teigaffe" auf heidnischen Ursprung zurückführen. Er erinnert an die Gebäcke in Form heiliger Tiere, z. B. eines Ebers, und weist besonders auf „Hornaffe" hin, das 1397 als Backwerk und in anderen älteren Schriften als Bäcker vorkomme.

Johannis bedeute Teurung (F. Nork, Etymolog.-symbol.-mytholog. Real-Wörterbuch II 1844 S. 403). Weiteres siehe unter Müller! — In der Kundensprache bedeutet „Bäcker" den Teufel, der sonst auch „Kuckuck" heißt (vgl. oben).

Ballettänzerin:

Ballett-Ratte.

Ballettspuz (Albrecht, Leipziger Mundart; „Spûz" s. v. w. Kleine).

Barbier:

Arschkratzer (Kundensprache, bei Ostwald).

Babutz (niedd., Münster in Westf.) = Balbutz, Barbutz (Studentensprache, nach Kluge seit 1822 bzw. 1841 gebucht).

Baortschräpper (niedd., Münster in Westf.).

Bartfuchs (Studentenspr., nach Kluge 1831 gebucht).

Bartkratzer (Chamisso), Bortkratzer (niedd.).

Bartkünstler (Glaßbrenner).

Bartphilosoph (Laukhards Leben u. Schicksale 1792 ff.).

Bartputzer.

Bartschaber (Albrecht, Leipziger Mundart).

Bartscherer (Frisch 1741 S. 67 bezeichnet es als „unhöflich für Balbier" und II 167 als verächtlich, während es Ägid. Tschudi [† 1572, in Chronicon Helveticum] für Balbierer gebrauche).

Bartvertilger (Glaßbrenner).

Bortschraper (niedd., Mecklenburg).

Dokter (niedd.), Doktor (Kundenspr.).

Doktor Kratzbart.

Eisen-Knecht (früher, nach Beiers Handwercks-Lex. 1722 S. 110, für einen Meister, der seine Badstube verkauft hat, in ihr aber noch weiter, als Gehilfe tätig ist, sowie für einen „Gehaureten Stübles-Bader" [s. dort], angeblich „weil sie als Eisen fest an ihrem Ohrt verbleiben", wahrscheinlicher wegen der eisernen Instrumente).

Figaro (eigtl. der „Barbier von Sevilla" 1775 des französ. Lustspieldichters Beaumarchais, der diesen Typus der Verschmitztheit auch in „Le mariage de Figaro" 1784 behandelte, worauf ihn die Opern Mozarts und Rossinis noch bekannter machten).

Fladerfetzer (Gaunersprache, im Vocabular. des zw. 1512 u. 1516 zu Augsburg erschienenen Liber Vagatorum [Weimarisches Jahrbuch, Bd. IV 1856 S. 96]; „Flader" ebenda für Badstube, vgl. mhd. vlôder d. i. das Fließen, Gerinne; „Fetzer" wird mit lat. facere d. i. machen, besorgen zusammengebracht; also eigtl. „Bader").

Fürwitz (Gaunersprache; auch für einen Arzt).

Gehaureter Stübles-Bader (früher in Straßburg i. E., Frankfurt a. M. usw., nach Beiers Handwercksllexicon 1722 S. 110 u. 142, für einen „nicht zünfftig gelerneten bedienten Bader", in dessen Badstube nicht jedermann, sondern nur gewisse Handwerker, z. B. Schneider oder Schuster, behandelt wurden; „gehauret" s. v. w. gemietet).

Kotlettenkinstler (Rob. Hartig [d. i. E. Marré], Berliner Volksdialekt [1905] S. 7).

Pfloderer (Gaunerspr., Tetzner s. v. welsch; s. Fladerfetzer).

Rüsselputzer (Kundenspr.).

Rüsselschaber (Süddeutschland).

Rutsch üm de Eck (Mecklenburg, bei Wossidlo, Imperativ. Bildungen im Niederd. 1890 Nr. 230a).

Schaber (Kundensprache, b. Ostwald).

Schaumritter (Kundensprache, bei Ostwald).

Schaumschläger (z. B. P. Keller, Die Heimat 1904 S. 92).

Schaumstudent (Stud.-sprache, nach Kluge 1831 gebucht; für einen Barbierlehrling).

Schnauzenschlager (Kundenspr., bei Ostwald).

Schnelldoktor (Kundensprache, bei Ostwald).

Schnutelschaber (Schlesien).

Schnutenfeger (niedd., Oldenburg), Schnutenfejer (Berlin), Schnutenputzer (Leipzig), Schnutenwischer (Kundenspr.) („Schnute" = Schnauze).

Stoppelsucher.

Straßenpilger (Gaunersprache, bei Ostwald).

Truckenscherer (veraltet; vgl. mhd. truckene [= trockene] streiche d. i. Verletzungen, bei denen kein Blut fließt; also im Gegensatze zum Feldscherer, denn „ein Barbier mag lachen machen, aber ein Chirurg macht schreien" [Fielding, Thomas Jones]).

Verschönerungsrat, auch Verschönerungskommissar.

Glaßbrenner läßt den Berliner Barbier Schneppke von sich sagen: „Ich bin Doctor der heiligen Barbierkunst und Ritter des scharfen Messers erster Klasse mit Schaale! Ich führe den Pinsel mit ebenso jroßer Jeschicklichkeit wie Raphael, und bin der klügste Diplomat, denn ich jehe den Leuten um den Bart, mache ihnen was weiß, schmiere sie an und nehme ihnen Alles vor dem Munde weg."

Siehe auch unter Chirurg! und unter Friseur!

Beamter:

Aktenmensch.

Aktenreiter (C. J. Weber [† 1832], Demokritos X Kap. 12).

Amtsrockseele (Zeitgs.-deutsch).

Apokryphische Obrigkeit (Das Reich der Meinungen 1806 S. 148; für die Subalternbeamten).

Bonze, Oberbonze (Berlin; s. unter „Geistlicher").

Bureaukrat; berlinerisch Bürokrete (mit Anlehnung an „Krete" = Kröte).

Formenhengst der Amtsstube (Weber, Demokritos XI Kap. 10).

Goldkragen (Gaunersprache, bei Ostwald).

Herr am (oder: vom) grünen Tische.

Johanniter-Großkreuz (Reich der Meinungen S. 149; für einen Subalternbeamten).

Lechtmiß (niedd., Münster in Westf.; eigtl. für einen leichtsinnigen Menschen, welcher sein Geld am Lichtmeßabend im Hasardspiel, das nur dann in Münster geduldet wurde, durchgebracht hat; vgl. auch Schambachs Göttingisch-Grubenhagen'sches Idiotikon 1858: „Da is Lechtmissen" d. i. da ist nichts zu finden).

Mandarin, Obermandarin (für einen hohen, eigtl. chinesischen Beamten).

Minister des Geistes (Zeitungsdeutsch; für Kultusminister).

Obermeier (für einen Verwaltungschef, z. B. der Post bei Ottomar Enking, Familie P. C. Behm, 5. A. 1906 S. 127).

Obermufti („Mufti" eigtl. arab. Theologe; für einen hohen Beamten, z. B. bei Enking a. a. O. S. 278).

Säckelmeister (Zeitungsdeutsch; für Finanzminister).

Schimmelreiter (Österreich; „Schimmel" aus lat. simile s. v. w. ähnlicher Fall, Musterformular, s. Deutsches Wörterbuch; für einen der die Akten nach einem Schema bearbeitet).

Staatslakai (K. H. Scheidler in Wuttkes Jahrb. d. deutsch. Univ. 1842 II S. 86).

Sublaternbeamter (Berlin; Glaßbrenner schreibt „Supplaternen-Beamter").

Siehe auch unter Schreiber!

Bedienter:

Er hat Klopstock studiert (wegen des Ausklopfens der herrschaftlichen Kleider).

Galonierter (aus dem Französischen, „Betreßter").

Heinrich (s. der Brüder Grimm Ausg. d. armen Heinrich 1815 S. 213 ff.).

Johann.

Lack-ei (volksetymologische Zerlegung von Lakai).

Laffkei (Berlin, bei Glaßbrenner; wohl mit Anlehnung an Laffe).

Meschores (Gaunersprache bei Ostwald; zu hebr. שָׁרַת d. i. dienen).

Schuhbürsten-Virtuose (Das Reich der Meinungen 1806 S. 148).

Schuhputzer.

Schwammendrücker (nach Frisch 1741 „ein Schimpf-Wort wider die Lakeyen vornehmer Damen").

Sklave (scherzhaft).

Stiefelfuchs (Studentsprache), früher Stiefelwuchs (dieses nach Kluge seit 1831 gebucht) und Stiefelwichser (seit 1781). Vgl. Wichsier.

Thomasl (Gaunersprache, in Karmayers Glossar v. J. 1835, s. Günther S. 82 Anm.).

Vademecum (Studentensprache 1737, s. Kluge).

Wichsier (Studentenspr., nach Kluge seit 1841 gebucht), früher Wuchs (1822). Vgl. Stiefelfuchs.

Ausdrücke für „Bursche" beim Militär s. Horn S. 38 f.
Siehe auch unter Hausknecht!

Bergmann:

Mann vom Arschleder (vgl. Th. Imme, Bergmannssprache [Beiheft zur Zeitschr. d. Allg. Deutsch. Sprachvereins] 1909 S. 21: „Man unterscheidet unter den Bergleuten treffend die Bergleute vom Leder und die von der Feder, und einem das Leder oder, wie man früher derber sagte, das Arschleder abbinden bedeutete so viel als: ihn aus dem Bergmannsstande ausstoßen").

Rasenwälzer (Imme a. a. O. S. 5; für einen faulen Bergmann).

Besenbinder s. unter Bürstenbinder.

Bildhauer:

Bildhacker (niedd., Mecklenburg, bei P. Warncke, Reuter-Biographie 1899 S. 285).

Jünger des Praxiteles (Zeitungsdeutsch).

Bordellwirt(in):

Aufmacher(in) (letzteres von Frisch 1741 S. 631 als veraltet erwähnt; mhd. ûfmacher bzw. ûfmacherinne).

Balkenvater (Dirnenspr., bei Ostwald, Nachtrag).

Bumswirt („Bums" ist Berliner Ausdruck).

Decke (Kundensprache, bei Ostwald).

Dicke (Dirnensprache, bei Ostwald).

Frau Warren.

Gerengero (Gaunerspr., bei Ostwald).

Glidensetzerin (Vocab. des Liber Vagatorum 1512—16 [Weimar. Jahrb. IV S. 97];

„Glid" ebenda für Freudenmädchen; „Fetzerin" zu lat. facere d. i. machen, besorgen).

Hurenwebel (J. G. Krünitz, Oekonomische Encyklopädie, Bd. XXVI 1782 S. 621; „Webel" — noch in „Feldwebel" — = oberd. Weibel, eigtl. Gerichtsdiener; — in der älteren Soldatensprache hieß „Hurenweibel" der Aufseher über den Troß, s. Horn S. 122).

Hurenwirt.

Kalfrosch (Borstel, Dirnensprache; = Kallfrosch, s. unter Gastwirt).

Koberin (Dirnensprache, b. Ostwald; zu „kobern" d. i. kuppeln, mhd. koberen s. v. w. gewinnen, auf Gewinn ausgehn).

Kommentwirt, Kommentvater bzw. -mutter (Berliner Verbrechersprache, s. Günther S. 55 Anm.).

Kommerzienrätin (Studentensprache, nach Kluge seit 1795 gebucht).

Kukelweib (Borstel, Dirnensprache; vgl. niedd. „kukeluren" d. i. lauernd kucken).

Kuppelwirt.

Leno (Gaunersprache, bei Ostwald; aus dem Latein.).

Ludrer (bei Frisch 1741 als veraltet bezeichnet, eigtl. Verlocker).

Maqvereau (franz., in Lauremberg8 Scherzgedicht. 1652 III V. 340).

Moderner Sklavenhalter.

Pfauentreiber (Frisch 1741, der das Narrenschiff zitiert).

Puffmutter (Dirnenspr., bei Ostwald).

Puffwirt (Studentenspr.).

Ruffer (Sachsenspieg., Ausg. v. Zobel 1535 u. 69 IIa 13 § 5; noch heute im Dänischen) und

Ruffian (Garzoni, Schawplatz, Übsetzg. v. J. 1659 S. 687 ff.; schon im Mhd. aus ital. ruffiano entlehnt).

Seelenverkäuferin (Borstel, Dirnensprache).

Vergnügungsrat.

Böttcher (Faßbinder, Küfer):

? Philister (so nannten in Schwaben die Böttcher, nach Beiers Handwercks-Lex. 1722 S. 324 u. 389, das zwischen einen zu schlaff. Reifen geschlagene Stück; deswegen fragt Kluge, Studentensprache S. 17: „Könnte einmal Philister darnach ein Spottname für die Böttcher geworden und dann schließlich von den Studenten verallgemeinert worden sein?").

Rumtreiber, niedd. Rümdriwer (im Richtigen Berliner wird als altes Sprichwort angeführt: „'n Böttcher is'n Rumdreiber"; = „Herumtreiber", eigtl. der um das Faß herumläuft, während er die Reifen festschlägt; vgl. das Böttcherlied von Schmidt von Werneuchen mit dem Refrain „Rund um, rund um!" [Uhl, Winiliod 1908 S. 184], auch die Kinderreime: „Büddeker, Büddeker, bum bum bum! Sleit sine Fru in Huse rum" usw. [R. Block, Idiotikon von Eilsdorf bei Halberstadt, im Jahrb. d. V. f. niedd. Sprachforschg. XXXIV 55]; daher auch die in Mecklenburg gebräuchliche niedd. Redensart „lopen as'n Fattbinner").

Schär-Barthel (in Adr. Beiers Handwercks-Lexicon 1722 S. 360; danach bedeutet es einen Böttchergesellen, der die Arbeit nicht fördert oder mehr Reifen zerreißt, als anlegt).

Weißkittel (Leipzig 1589 u. 1714, s. Kluge, Studentenspr. S. 16; für einen Küfer).

Ziegenschurz (Schlesien 1693, s. Weimar. Jahrb. IV 1856 S. 259 u. P. Drechsler, Handwerkssprache und -brauch [1896] S. 26; für den Böttcherlehrling kurz vor seiner Freisprechung).

Ein westfälisches Sprichwort lautet: „Küpers un Siegen (= Ziegen) sind Deiwe för de Hiegen." Die Böttcher sollen nämlich für die Reifen Weiden von den Wallhecken nehmen. Und bei Abrah. a. S. Clara (Etwas für Alle 1699 S. 556) heißt es: „Sie erfinden mehrmahlen tausend Ursachen, warum sie so offt den Keller besuchen", nämlich des Weines wegen.

Brauer:

Elementenfärber (Kundensprache; vgl. Elementendrechsler unter Töpfer).

Junkerbrauer (nach F. Nork, Die Sitten u. Gebräuche der Deutschen 1849 S. 992 hießen so zu Hamburg noch im 17. Jahrhundert diejenigen Brauer, welche ein eigenes Brauhaus besaßen und nicht zur Zunft oder Brüderschaft gehörten).

Plempelwäscher (Gaunersprache, bei Ostwald; „Plempel" s. v. w. Bier, s. Günther S. 97).

Spezer (Kundensprache, bei Ostwald), Spezel u. Spitzel (zu spätlat. species, wie man die würzenden Bestandteile des Bieres nannte; so heißt auch im Italienischen der Apotheker nach den Ingredienzien speziale).

Wasserdoktor (Eckart, Stand u. Beruf im Volksmund S. 175; für einen der zu dünnes Bier braut).

Brunnenmacher:

Püttenmaker (niedd., Mecklenburg, wo „Pütt" Pfütze bedeutet; urspr. aber die alte niederdeutsche Berufsbezeichnung, wie das aus lat. puteus entstandene „Pütt" noch jetzt in Westfalen Brunnen bedeutet).

Buchbinder:

Apostelklopfer (Kundensprache, bei Ostwald, u. bei Th. Borstel [d. i. E. Marré], Unter Gaunern [1903] S. 7; nach letzterem bedeutet „Apostel“ s. v. w. die Pressen der Buchbinder; vgl. jedoch Prophetenklopper u. Testamentenquetscher).

Bruchbinder (Kundensprache, bei Ostwald; für einen schlechten Buchbinder).

Kleisterhengst (Gaunersprache, Günther S. 69).

Klîsterbandit u. Klîsterpott (niedd., Mecklenbg.).

Pappenheimer (Kundensprache, bei Ostwald; zu „pappen“ s. v. w. kleben).

Prophetenklopper (niederd., Mecklenburg; von dem Einbinden der Bibel, oder weil früher die Bildnisse von Propheten u. Heiligen auf den Deckel gepreßt wurden).

Testamentenquetscher (Kundensprache, bei Ostwald).

Buchdrucker:

Bachulke (für den Ballenmeister, der die Farbe auftrug; nach L. Irmisch, Wörterb. der Buchdrucker u. Schriftgießer 1901 aus poln. pachołek d. i. Knecht, s. auch meine „deutsche Druckersprache“ 1900 s. v. Ballenmeister; — andere Bedeutungen des Wortes s. bei Irmisch a. a. O. u. bei H. Stumme, Über die deutsche Gaunersprache 1903 S. 12).

Ballenknecht (F. Latendorf, Zu Lauremberg's Scherzgedichten 1875 S. 11; — sonst sind „Ballenknechte“ zwei in der Preßwand angebrachte Hölzer, auf welche die Ballen während des Druckens gesetzt wurden).

Bruchdrucker (Kundensprache, bei Ostwald; für einen schlechten Buchdrucker).

Draufstecher (für einen flinken Setzer).

Fax (= Faktor).

Hudler (früher für einen nichtgelernten Drucker, s. meine Druckersprache; s. a. Handwerker i. allg. a).

Kornut (früher für den Buchdruckerlehrling kurz vor seiner Aufnahme unter die Gesellen, s. meine Druckersprache S. 62 ff.; „Gehörnter“).

Posselierer (früher s. v. w. Kornut, s. meine Druckerspr. S. 82 f.; eigtl. „Knecht“).

Schnellhase (für einen flinken Setzer).

Schwarzkünstler (wohl der früher allgemeinen Verwechslung des Buchdruckers Joh. Fust mit dem Zauberer Joh. Faust entstammend, doch auch an die Buchdruckerschwärze erinnernd, s. meine Druckersprache S. 96).

Schweizerdegen (ein scherzhaft klingendes Wort, das aber urspr. einen „aus der Schweiz kommenden jungen Mann“ bedeutet, der sowohl das Setzen als auch das Drucken versteht, s. meine Druckersprache).

Stiftler (zu „stifteln“ s. v. w. setzen).

Sudler (früher für einen nichtgelernten Drucker; — eigtl. für einen schlechten Koch [s. da]; auch für einen schlechten Maler [s. da]).

Trittmüller (nach Irmisch a. a. O. der Besitzer einer „Trittmühle“ d. i. ganz kleinen Druckerei, die nur mit einer oder ein paar Tretpressen arbeitet).

Typenfänger (für einen Setzer).

Winkeldrucker (vgl. m. Druckersprache s. v. Winkeldruckerei).

Zeilenpinner, -reiter (Kundensprache, bei Ostwald; für Schriftsetzer).

¹ Buchdrucker, die während eines Streiks oder unter dem Tarif arbeiten, heißen in Berlin „Rauhbeine“, in Leipzig „Schuster“, in Stuttgart „dreckige Türken“. — Bekannt ist der Durst der Buchdrucker. Er wird schon durch ein Druckerlied aus dem 16. Jahrhundert bezeugt, s. meine Druckersprache S. 9; vgl. auch: „Buchdrucker ist ein Schlucker“ (Eckart, Stand u. Beruf im Volksmund S. 175). — Bei C. Viebig, Das tägliche Brot 1901 II S. 202 findet sich das Wort „Setzergrößenwahn“ und dazu die Bemerkung: „Die meinten wohl gar, wenn sie mit den Buchstaben herumtippelten, sie hätten die Bücher selber geschrieben.“

Buchhändler:

Auchbuchhändler, Auchkollege (für einen nichtgelernten Buchhändler).

Büchermäkler (früher d. Berufsbezeichnung für Verleger).

Buchgeselle (für einen Buchhändlergehilfen).

Buchknecht (desgl.).

Dutzend(buch)händler (Jean Paul, Polit. Fastenpredigten 1817 S. 65. 66).

Geburtshelfer der Musen (C. J. Weber [† 1832], Demokritos XI Kap. 12; für ein. Verleger).

Herstellungskostenverleger (für einen Verlagsbuchhändler, dem der Schriftsteller die Kosten für die Herstellung seines Werkes zahlen muß).

Laternenträger der gelehrten Republik (Klopstock; für einen Verleger).

Schuster (für Inhaber ein. kleinen Sortimentsbuchhandlg.).

Budenbesitzer:

Sommerarchitekt (Kundensprache, bei Ostwald; für einen umherziehenden Budenbesitzer).

Büfettmädchen:

Kalte Mamsell (eigtl. scherzhafte Benennung, von der „kalten Küche“ d. i. dem Aufschnitt hergenommen; in Leipzig die übliche Berufsbezeichnung).

Bürgermeister:

Burgemorum (Kundensprache, nach Günther S. 35

wohl urspr. Studentensprache; über die Endung -orum s. Kluge, Studentenspr. S. 40 f.).

Buschmann (Kundenspr., bei Ostwald; vgl. „auf den Busch klopfen" s. v. w. auszuforschen suchen).

Klemser (Gaunersprache, Günther S. 83; zu „Klemms" d. i. Gefängnis).

Schabe (Gaunersprache; vgl. hebr. שֹׁפֵט d. i. Richter).

Schaler (Gaunersprache, bei Ostwald; zu hebr. שָׁאַל d. i. durchsuchen, befragen).

Senser (Kundensprache, bei Ostwald; zu „Sense"?, vgl. jedoch „Zenserer" unter Polizist!).

Bürstenbinder und **Besenbinder:**

Nospelpeter (Gaunerspr., Günther S. 83; zu „nuppeln" d. i. saugen, lutschen?; für einen Besenbinder).

Schrubber, Herr (so redet den Bürstenbinder der Berliner Schusterjunge b. Glaßbrenner an).

„Saufen wie die Bürstenbinder" findet sich schon bei Albertinus, Landstörzer 1615 Bl. 93, und Abraham a. S. Clara, Etwas für Alle 1699 S. 647 sagt: „Das Sprichwort ist schon 3. Meil hinder Babylon bekannt: Er saufft wie ein Bürsten-Binder." Nun gibt es aber ein Wort „bürsten" mit der Bedeutung „trinken"; man hat es mit „Burse" (studentische Genossenschaft) zusammengebracht. Dieses „bürsten" wird dem Volkswitze auf jene Redensart verholfen haben. Des Saufens wird auch in dem „Besenbinder-Liede" gedacht, das Lessing als Kind von einem Besenbinder selbst gehört hat und das er in einem Briefe an F. Nicolai vom 20. Sept. 1777 anführt (Briefe von u. an Lessing hrsgg. von Frz. Muncker II 1907 S. 250): „Wenn ich kein Geld zum Saufen hab, So geh und schneid ich Besen ab, Und geh die Gassen auf und ab, Und schreye: Kauft mir Besen ab, Damit ich Geld zum Saufen hab." — Ferner sagt man im Preußischen: „fressen wie ein Bürstenbinder" und „saufen wie ein Leichenbitter". In Mecklenburg sagt man allgemein: „eten as en Schündöscher" d. h. wie einer der in der Scheune drischt; in Leipzig: „fressen wie ein Scheffeldrescher"; in Westfalen: „fressen wie ein Drescher"; — Gegensatz: „essen wie ein Schneider". Die in Lübeck vorkommende und auch von dem Mecklenburger Helmuth Schröder, Holzen Rike 1905 S. 95 gebrauchte Redensart „lopen as en Bessenbinner" (gebräuchlicher ist in Mecklenburg „lopen as en Fattbinner" [s. unter Böttcher]) erklärt sich aus dem noch in der Leipziger Mundart vorkommenden „bürsten" für „eilig, hastig gehen"; auch in Berlin sagt man (Hans Meyer, Der Richtige Berliner, 6. Aufl. 1904 S. 22): „rennen wie 'n Besenbinder" oder — häufiger — „rennen wie 'n Bürschtenbinder"; in Leipzig: „laufen wie ein Bürstenbinder" (daneben, nach Albrecht: „laufen wie ein Perückenmacher, ein Schneider"). — Bürstenbinder und Besenbinder stehen in engem Zusammenhang; vgl. der Brüder Grimm Kinder- u. Hausmärchen, Anm. zu Nr. 131, wo aus Bremen die Reime angeführt werden: „Bürstenbinders Tochter und Besenbinders Sohn, Die haben sich versprochen, sie wollen einander hon" usw.

Chausseewärter:

Chausseekrätzer (Albrecht, Leipziger Mundart 1881).

Chirurg (Wundarzt):

Bundermann (Gaunersprache, Günther S. 77; wohl zu „[ver]binden").

Gregorius (Laukhards Leben u. Schicksale IV 1 [1802] S. 342 bei Horn, Soldatensprache S. 140; C. J. Weber [† 1832], Demokritos VI, Kap. 11; F. Reuter, Ut mine Stromtid, Kap. 8; ich hörte es noch 1870 in Schwerin i. M.; es ist wohl nur mißverstandenes „Chirurgus").

Lapper (Seemannssprache, bei Kluge, Unser Deutsch S. 113; s. v. w. Flicker).

Menschenflicker (Wieland; — vgl. unter Arzt).

Pestilentiarius (in Bayern früher Titel für Chirurgen, Webers Demokritos VIII Kap. 10).

Swärenpricker, Swärensteker (niedd., bei Schambach, Göttingen-Grubenhagen'sches Idiotikon 1858).

Zichurjus (niedd., Mecklenburg; mit Anlehnung an „Zichuren" = Zichorien).

Siehe auch unter Barbier!

Dachdecker:

Dachhase (moderne Gaunersprache, eigtl. s. v. w. Katze; sonst für den unzünftigen Zimmermann).

Dachratte (Kundenspr.).

Mantelmelochner (Gaunersprache, Günther S. 27; „Mantel" s. v. w. Dach als oberer Teil oder als Schutz des Hauses; „Melochner" zu hebr. מְלָאכָה d. i. Arbeit).

Mäntler (Gaunersprache, Tetzner s. v. welsch; s. d. vorige).

Es gibt ein schändliches Sprichwort: „Mauerleut' sind Lauerleut', und Dachdecker sind F—lecker" (cunnilingi). Andererseits wird die gefahrvolle Arbeit des Dachdeckers voll gewürdigt, z. B. von Rachel, Satiren 1664 VI V. 213 ff.: „... Gleich wie wir furchtsam stehen Und auff dem hohen Turm den kühnen Dekker sehen, Nicht einer klimmt ihm nach, wir dankken Gott allein, Daß wir der Erden nah' und an dem Boden seyn", und in Otto Ludwigs Novelle „Zwischen Himmel und Erde" 1856.

Dichter:

Blechschmied.

Bruder im Apoll (so reden sich die Dichter an, vgl. G. A. Bürger, Gedichte S. 426 d. Ausg. v. 1860).

Dichterling (erst seit der 2. Hälfte des 18. Jahrh., s. Richard M. Meyer, Vierhundert Schlagworte 1900 S. 89).

Gelegenheitsdichter (meist verächtlich; vgl. Paul Heyse, Neue Gedichte u. Jugendlieder 1897 S. 256: „Gelegenheit macht Diebe und Liebe. Wenn es nur dabei bliebe! Das aber hab' ich ihr oft verdacht, Daß Gelegenheit auch Dichter macht!").

Goldschnittdichter (für einen dessen wertlose Gedichte fein ausgestattet sind).

Patzer (Wiener Ausdruck, zu „patzen" = batzen d. i. schlecht machen; vgl. Saphir [† 1858], Die Partie Whist in der Rofranogasse: „Ein ‚Patzer' ist ein ‚Genie der Ungeschicklichkeit' . . [s. unter Maler]. Ein Patzer in der Dichtkunst hat auch alle Reime wie ein großer Dichter, allein er patzt die Reime auf einander, ungeschickt und unpassend").

Pegasus im Joche (Schiller, s. Büchmann; für einen Dichter der sich nicht frei entfalten kann).

Poëta kalaureatus (laureatus verquickt mit „Kalauer").

Poetaster (neulat., vgl. d. engl. Drama Ben Jonsons „Poetaster" 1616).

Reimbold (J. H. Voß, Sämmtl. poet. Werke 1850 V S. 171).

Reimen-Macher (Frisch 1741).

Reim-Klemperer (Juncker in der Untersuchung der Hanckischen Gedichte vor dem VII. Teile von Hoffmannswaldau und anderer Gedichten 1727).

Reimphilister (Stoppens Teutsche Gedichte II 1729, s. Kluge, Studentenspr. S. 14).

Reimschmied (bei Frisch 1741 „Reimen-Schmid").

Reiter des Pegasus (C. J. Weber [† 1832], Demokritos X Kap. 12).

Sohn Apoll(o)s.

Vates-Gott (Lauremberg, Scherzgedichte 1652 IV V. 417, s. a. 422 f.).

Versedrechsler.

Versemacher.

Versifex.

Wasserdichter.

Auf einen schlechten Dichter machte Kästner das Epigramm: „Dieser Dichter ist unter den Dichtern, Was der A— unter den Gesichtern."

Dienstmädchen:

Aschenbrödel (nach Frisch 1741 „im Spott ein schmutziger Knecht oder Magd"; eigtl. Küchenjunge, s. Kluges Etymolog. Wörterb.).

Aschpuck (Pommern, bei Dähnert 1781, vgl. das vorige u. „Aschenputtel"; für ein schmutzig. Küchenmädchen).

Aujuste (Berlinerisch).

Besen (Studentensprache, s. Kluge S. 19 u. 83; nach C. J. Weber [† 1832], Demokritos XI Kap. 23 werden drei Klassen „Besen" unterschieden: „Florbesen" für die Haustöchter, „Kehrbesen" für die dienenden Mädch. und „Saubesen" für die Freudenmädchen).

Bolzen (Berlin).

Dienstbesen (Studentensprache).

Dienstbolzen (Berlin).

Dienstspritze (Berlin).

Donna (Berlin; vgl. Karlchen d. i. Karl Ettlinger, Unsere Donna 1907).

Faultasche (Pictorius 1561 bei Frisch II 363; „Tasche“ eigtl. s. v. w. vulva; für ein faules Dienstmädchen).

Feuerheerdine (Glaßbrenner).

Flöte (Studentensprache, s. Kluge S. 91).

Hausgeist.

Holder Engel aus der Holzkammer (Albrecht, Leipziger Mundart s. v. Engel).

Hundebonne (für ein Dienstmädchen das den Hund spazieren führt).

Jungfer Lieschen (18. Jahrh.; für die Leipziger Jungemagd, s. meinen Aufsatz im „Euphorion“, 8. Ergänzgsheft, 1909, S. 171 f.).

Kalb (Oberpfalz; vgl. mhd. kalp s. v. w. dummer Mensch).

Kammerkätzchen, Kammerkatze (ersteres seit 17. Jh., letzteres in Rachels Satiren 1664 VI V. 200; Kluge weist auf niedl. kamerkatte s. v. w. meretrix hin; für eine Kammerjungfer, eine Zofe).

Kattunbesen (Göttinger Studentensprache, s. Kluge S. 19).

Kehrbesen s. Besen (auch bei Gaudy).

Ketschmagd (oberd., zu mhd. ketschen d. i. schleppen; Frisch 1741 S. 512 zitiert Golii [† 1600] Onomasticon u. erklärt II 480: „die den Schweif nachträgt“).

Kindermuhme (Zincke, Oeconomisches Lexicon 3. Ausg. 1753 Sp. 1729; für ein Kindermädchen, in Leipzig noch heute Berufsbezeichnung; urspr. wohl Scherzname, wie jetzt oft das mit „Muhme“ gleichbedeutende „Tante“).

Klopskasche (Kadettenausdruck, bei Horn, Deutsche Soldatensprache S. 131).

Küchenbesen (Student.-Sprache).

Küchendragoner (für eine Küchenmagd; — auch für Köchin, s. da).

Küchenkätzchen (Glaßbrenner; vgl. Kammerkätzchen).

Kuhmagd (für ein derbes Dienstmädchen).

Kuhstallfähnrich (Kundensprache, bei Ostwald; für eine Stallmagd).

Kürassier (für ein derbes Dienstmädchen).

Mädchen für alles (Berlin, s. die Charakteristik von Glaßbrenner, bei dem sich an einer andern Stelle die erläuternde Anmerkung findet: „Unter der Bezeichnung ‚M. f. a.‘ werden in den Berliner Zeitungen die Dienstmädchen verlangt"; urspr. wohl nur scherzhaft; für ein Alleinmädchen).

P æ s e l (niedd., Mecklenburg; für ein schmutziges Dienstmädch.).

P u s t i n d e A s ch (Mecklenburg, bei Wossidlo, Imperativ. Bildungen im Niederd. 1890 Nr. 201; für ein untüchtiges Dienstmädchen).

S i b y l l e (Goethe, Faust, Szene am Brunnen, wohl nach F. Taubmanns [† 1613] Versen: Quando conveniunt ancilla Sibilla Camilla, Sermonem faciunt et ab hoc et ab hac et ab illa, vgl. Büchmann; für ein klatschhaftes Dienstmädchen).

S t a l l b e s e n (Studentensprache, s. Kluge S. 127).

S t a l l n y m p h e (Studentensprache, s. Kluge S. 20).

S t a u b b e s e n (Studentensprache, s. Kluge S. 19 u. 83).

S u d l e r i n (Frisch 1741 II 355; für eine Spülmagd).

T r a m p e l (für ein schwer auftretendes Dienstmädchen, nach dem Richtig. Berliner für ein unsauberes Mädchen).

T r o c k e n a m m e (für eine Kinderfrau).

Z o b e l (Göttinger Studentensprache, s. Kluge S. 19 u. 135).

Z o f e (nach Kluge eigentlich „schmückende Dienerin", heutzutage meist verächtlich für eine Kammerjungfer).

Siehe auch unter Köchin!

Dienstmann:

E c k e n s t e h e r (so hieß früher der Vorläufer des Dienstmannes in Berlin, der auch „Sonnenbruder" genannt wurde und in Nante seinen typischen Vertreter hatte; s. den Richtigen Berliner s. v. Nante).

K r e u z b r u d e r (früher in Leipzig, nach Albrecht, weil er seinen Stand an der Kreuzung der Straßen hatte).

S ch i e b b ö c k e r (Dresden, bei Albrecht, Leipziger Mundart; zu „Schiebbock" d. i. Schubkarren).

S o n n e n b r u d e r s. Eckensteher.

Drechsler:

E r l a u e r, E r l k ö n i g (Kundensprache, bei Ostwald; aus den Masern des Erlenholzes macht der Drechsler Dosen und Pfeifenköpfe).

Drogist:

F u s ch e r (Kundensprache).

Eisbahnfeger:

E i s k ö n i g (Münster in Westf.).

Eisenbahnarbeiter:

R u t s ch e r (Kundensprache, bei Ostwald; zu „Rutsch" s. v. w. Eisenbahn).

Eisenbahnbeamter:

M a n n v o m F l ü g e l r a d (Zeitungsdeutsch).

R i t z e n s ch i e b e r (für einen unteren E. im Außendienst; eigtl. eine besondere Art solcher E.).

Erdarbeiter:

Grandmonarch (s. d. folgende; „Grand" niedd. s. v. w. Kies).

Monarch (Norddeutschland; soll aus lat. monachus entstellt sein, danach eigtl. ein nach Aufhebung der Klöster umherziehender Mönch; jetzt für Landstreicher, besonders für einen an Chaussee- und Eisenbahn-Bauten arbeitenden Ausländer, vgl. Hedwig [Barsch, geb.] Wigger, Die Monarchen kommen 1891).

Fabrikarbeiterin:

Fabrikklater (Berlin; „Klater" geht auf die Unsauberkeit).

Falzerin:

Falzgräfin (mit Anlehnung an „Pfalzgräfin"; vgl. Paul v. Szczepańskis Roman „Die Falzgräfin" 1888).

Färber:

Fretter (Krünitz, Oeconomische Encyclopädie Bd. XXI 1780 S. 517 Anm.; s. unter Handwerker im allg. a; für einen unzünftigen Färber).

Lappentitscher (Kundensprache, bei Ostwald; „titschen" ostmitteld. s. v. w. tunken).

Lappentunker (Kundensprache, bei Vorstel, Unter Gaunern S. 7 und bei Ostwald).

Zwitsch (Gaunersprache, bei Ostwald).

Fechtlehrer:

Maistre Alard (Rachel, Satiren 1664 VI V. 288; = Meister Adelhard).

Fischer:

Dwarsdrieber (niedd., Finkenwärder bei Hamburg, in den Mitteilungen aus dem Quickborn 1909 S. 77; = Quertreiber).

Fekfischer (desgl., ebenda; „einer der nur Schilf und Binsen fängt").

Fischräucherei-Arbeiterin:

Sprottdame (Hamburg; für eine die die Fische auf die Stäbe steckt).

Fleischbeschauer:

Trichinenkiker (niedd.).

Fleischer (Metzger, Schlachter):

Birschner (Frisch 1741: „B. sind in Nürnberg eine Parthey der Schlächter oder Metzger, deren Arbeit sehr eingeschrenckt"; vgl. mhd. birsen, eigtl. innerhalb des Parkzaunes jagen).

Boßhartfetzer (Vocabul. des Liber Vagatorum 1512—16 [Weimar. Jahrb. IV S. 95]; „Boßhart" d. i. Fleisch aus hebr. בָּשָׂר; s. Fetzer).

Buhler (für einen unzünftigen Fleischer, in Adrian Beiers Handwercks-Lexicon 1722 S. 75, wo auf ein Zeitzer Ratsschreiben vom 27. Sept. 1652 Bezug genommen und das Wort mit mitteld. „afbuhlen" [niederd. „afpuhlen"] d. i. das Fleisch von den Knochen absuchen, zusammengebracht wird; vgl. Knakenpuhler).

Darmpuker (niedd., Mecklenburg; „puken" s. v. w. abkratzen).

Fetzer (Gaunersprache, bei Ostwald; zu „fetzen" d. i. schneiden, vgl. „zerfetzen", Günther S. 38 Anm.; — auch für Abdecker).

Fleischhacker, Fleischhauer (beides früher Berufsbezeichnung).

Freimärk(t)er (früher, nach Beiers Handwerkslex. 1722 S. 130 u. 142, für einen Dorfschlachter der das Fleisch in der Stadt unter freiem Himmel verkaufen durfte).

Freischlächter (Frisch 1741: „qui extra collegium lanionum mactat et in macello jus vendendi habet, als in Stettin").

Gärtner (für einen Hausschlachter, der nicht in das Schlachthaus gelassen wurde; in Beiers Handwerkslex. 1722 S. 139; er mußte im Garten schlachten).

Gassen-Schlächter (dgl., ebenda; dieser schlachtete auf der Gasse am Bache).

Geißler (früher in Breslau seit 1630, nach Beiers Handwerkslex. 1722 S. 142, s. v. w. Freimärkter, s. dort; zu „Geiß"?, da sie nur kleines Vieh schlachten durften).

Hammelmörder (Braunschweig, bei Wolfg. Kirchbach, Deutsche Heimgeschichten 1906 S. 105).

Kälbertöter (dgl., ebd.).

Käppchen (Kundensprache, bei Ostwald).

Kärnerer (Gaunersprache, bei Ostwald; zu „Kärner", nach Günther S. 37 aus ital. carne d. i. Fleisch).

Kärnerfetzer (Gaunersprache, Günther S. 38; s. d. vorige u. Fetzer).

Kattenfiller (niederd., Münster in Westf.; für einen kleinen Fleischer, eigtl. „der Katzen das Fell abzieht"; nach Lappenberg [Brem.-niedsächs. Wörterb. VI 1869 S. 135] werden so die Bewohner von Attendorn in Westf. genannt; da dort aber das Gerbergewerbe blüht, wird die Schelte ursprünglich von Gerbern gegolten haben; vgl. Katzenschinder unter Kürschner).

Katzoff (Gaunersprache; aus hebr. קצב d. i. abschneiden, zerstückeln; vgl. Avé-Lallemant, Das deutsche Gaunertum IV 1862 S. 450).

Knakenpuhler (niedd., Mecklenburg; zu „puhlen" d. i. das an den Knochen sitzende Fleisch mit Hilfe eines Messers ablösen).

Knochenhauer (früh. Berufsbezeichnung in Niedersachs.).

Küter (in Adr Beieri De jure prohibendi ..., von der Zünffte Zwang, ed. II. 1687 p. 103 werden unterschieden Knochenhauer einerseits, Küter, Hausschlächter, Garbräter andererseits; schon 1540 wurde in Stettin das Amt der Küter von dem der Knochenhauer durch herzogl. Verordnung getrennt; sie waren, nach Beiers Handwercks-Lexicon 1722 S. 239, „an etzlichen Orten ein Mittel-Gattung der Fleischer, nach denen Knochenhauern, doch vor denen Lohn- und Hauß-Schlachtern, so zwar aus Mangel des groben Viehes in den Kuttelhoff nicht kommen, sondern im Hause schlachten müssen, denen auch das Hauß- oder Lohn-Schlachten nicht verwehret, noch auch uffm Marckte, aber nur das Schweinen-Fleisch zu verkauffen, unverboten, haben ihre besondere Zunfft, dörffen Jungen lehren, Gesellen fördern, Lehr-Briefe und Kundschafften ertheilen"; gegen letztere Vorrechte erhoben jedoch, nach Beiers Handwercks-Lexicon S. 225, die Stettiner Knochenhauer im Jahre 1649 Widerspruch; Frisch leitet das Wort vom franz. charcutier ab, das auch bis auf den heutigen Tag in Bayern für Fleischwarenhändler gebräuchlich ist; es wird aber zu niedd. küt d. i. Eingeweide gehören, vgl. das folgde.).

Kuttler (nach Frisch 1741 „eine Art von Schlächtern, welche absonderlich das Ingeweid verkauffen, dergleichen in Nürnberg sind"; wie „Kuttelhof" d. i. Schlachthaus zu „Kutteln" d. i. Kaldaunen; nach Kluge kann das gut hochdeutsche „Kutteln" mit niedd. küt nicht wohl urverwandt sein).

Lästerer (für einen Dorfschlachter, bei Adrian Beier, Der Meister, 2. Aufl. 1692 S. 214 f. 169. 193. 209 und in dessen Handwercks-Lexicon 1722 S. 241; weil er das Fleisch „lästerlich" zurichte).

Marketridder (Bremen 1492, im Brem.-niedsächs. Wörterb. VI 1869 S. 195; durfte das Fleisch auf öffentlichem Markte nur unter gewissen Einschränkungen verkaufen).

Pflaster-Stecher (für einen Hausschlachter, der auf d. Stadtpflaster schlachtete, in Beiers Handwerkslex. 1722 S. 323).

Rottenschlachter (niederd., Mecklenburg; für einen kleinen Fleischer, eigtl. „der Ratten schlachtet").

Sautud (Leisnig in Sachs., Leipziger Zeitung 1905 Nr. 73; = Sautod?; anderswo s. v. w. Schlachtfest).

Schitenschüdder (niedd., Mecklenburg, bei F. Latendorf, Zu Lauremberg's Scherzgedichten 1875 S. 11; von dem diesem Gewerbe anhaftenden Schmutz).

Schmalmetzger (Süddeutschland; eigtl. einer der „Kleinvieh", übh. minderwertiges Vieh aushaut; für einen kleinen Metzger).

Schochet (Gaunersprache, b.

Ostwald; zu hebr. שָׁחַט d. i. schlachten, woraus „schächten"). Trichinenfabrikant (Braunschweig, bei Wolfg. Kirchbach, Deutsche Heimgeschichten 1906 S. 105).

Über die so unbeliebte Zulage, zu deren Rechtfertigung die Fleischer immer die Ausrede gebrauchen: „Wenn die Küh' auf Bratwürsten gehn, gibt's ohne Knochen!", ja einige, z. B. in Leipzig, sogar in ihrem Laden den Spruch angebracht haben: „Kälber, Kühe, Ochsen, Schweine Schlachten wir mit die Gebeine; Darum muß beim Fleischauswiegen Jeder eine Knoche kriegen", läßt sich schon Adrian Beier in seinem Handwercks-Lexicon 1722 S. 496 in folgender vernünftiger Weise aus: „Die Fleischer heissen die Caldaunen, das Eingeschneide, Flecke, Füsse, Gehenge, Gekröse, Inster, Kleinod, Kopff, Kutteln, Lummeln, Maul, Roden, Schöps-Sack, Topff-Braten, und was sonst nicht ein jeder einzeln und hauptsächlich nicht verlanget, zulegen, nicht, daß sie es frey und umsonst beylegeten, denn sprechen sie, auch dieses hätten sie mit kauffen und bezahlen müssen, warum solten sie es denn umsonst weggeben. Sondern daß sie es unter dem Gewichte dem Fleische zulegten. Alleine, wenn sie fest darauf bestehen wolten, möchten sie wohl so gar die excrementa mit verkauffen wollen. Eben darum müssen sie zum Meister-Stück einen Ochsen schätzen, daß sie verstehen, wie das Fleisch wieder auf das Kauff-Geld zu bringen."

Förster s. Jäger.

Freudenmädchen:

Alleemensch, das (Albrecht, Leipziger Mundart 1881).

Allermanns-Hur (Frisch 1741 S. 18).

Barmherzige Schwester (Gaunersprache, Günther S. 24 Anm., und Studentenspr., bei Stoppe 1728 u. oft bei Laukhard, s. Kluge s. v. Schwester).

Betze (Thüringen; Albrecht, Leipziger Mundart), Pezze (Frisch 1741 II 46) (eigtl. Hündin).

Biene (Sachsen, Soldatensprache, Horn S. 131; in der Gaunerspr. bedeutet „Biene", nach Günther S. 71, Ungeziefer übh., bes. die Laus, und die Wiener Gauner nennen so, nach ebendems. S. 68, jedes Frauenzimmer schlechthin).

Blechtude (Studentenspr. 1822—41, s. Kluge).

Bleivogel (Studentenspr. 1781—1841, s. Kluge).

Bödelsch (niedd., Hamburg).

Brandhure (Frisch 1741 S. 125: meretrix stigmate notata vel stigmate digna).

Bruchbiene (Sachsen, Soldatensprache, Horn S. 131).

Bubenhure (Frisch 1741 S. 477: „die der Troß-Jungen Hure ist").

Bübin (Fons Latinitatis 1653 p. 357. 398 u. Frisch 1741 S. 148).

Buhldirne.

Buttervogel (Studentensprache 1781, s. Kluge).

Chonte (Th. Vorstel [d. i. E. Marré], Dirnensprache [1904]; nach Ostwald der Gaunersprache angehörig; = Klonthe?, s. Klunte).

Deipel (Frisch 1741 S. 190, der Altenstaigs Vocabularium 1508 zitiert: dioboloris meretrix, quae duobus obolis ducitur).

Dirne (früher, als das Wort nicht bloß eine verächtliche Bedeutung hatte, mit dem Zusatz „freye", z. B. Fons Latinitatis 1653 p. 398, oder „gemeine", „feile", wie auch noch heute).

Dohle (Gaunersprache, Günther S. 68, und Studentenspr., Kluge S. 55; vgl. Geiler von Kaisersbergs [† 1510] Postill Bl. 185: „Er sitzet da und lauret, wie eine Duol uff ein Nuß luogt").

Dremarcks Deeren (Laurembergs niedd. Scherzgedichte 1652 I V. 440; eigtl. ein zu 3 Mark Silber verurteiltes und damit der bürgerlichen Ehre verlustig gewordenes Mädchen, s. Braunes Ausg. S. 91).

Eine aus dem Gäßchen (Albrecht, Leipziger Mundart s. v. Gäßchen hält dieses für Abkürzung von Pleißengäßchen; es gibt aber in Leipzig mehrere „Gäßchen", in denen sich Bordelle befinden).

Erzhure.

Etcetera (Studentenspr.; Kluge zitiert Kortums Jobsiade [1784] III V. 1234).

Evas Tochter (Studentensprache 1831, s. Kluge).

Feger, Stratenfeger (niedd.; für e. Straßendirne).

Fiedel-Else (Taubmanns Plautus-Ausgabe 1612 S. 666 u. Fons Latinitatis 1653 s. v. ambubaiae; vielleicht zu mhd. videlen s. v. w. geigen in obszönem Sinne).

Fiesel (Schambach a. a. O. s. v. vîsel; vgl. mhd. visel d. i. penis; — in der Gaunersprache s. v. w. Zuhälter).

Fimmel (niedd., bei Schambach, Göttingisch-Grubenhagensches Idiotikon 1858 s. v. vimmel; er denkt an Ableitung von lat. femella d. i. Weibchen; s. a. Fummel).

Fose (Vorstel, Dirnenspr.; für eine die den Zuhälter aushält; „herumvosen" wird nach Ostwald s. v. vosen von einer Dirne gesagt, die keine Bezahlung nimmt).

Frauenzimmer (auch mit dem Zusatz „gemeines" oder „schlechtes"; über den Bedeutungswandel des heute fast nur im verächtlichen Sinne gebrauchten Wortes s. Kluges Etymol. Wörterb.).

Fuchsmaschine (Studentensprache 1759, s. Kluge; „Fuchs" s. v. w. Neuling auf der Universität).

Fuchtel (Albrecht, Leipziger Mundart; eigtl. Herumtreiberin).

Fummel (niedd.; Schambach s. v. vummel gibt als Grundbedeutung „muliebria“ an; vgl. „fummeln“, eigtl. betasten, dann futuere; s. a. Fimmel).

Gammel, das, (niedd., bei Schambach, Göttingisch-Grubenhagensches Idiotikon; verwandt mit „Gammel, der“ s. v. w. Geilheit).

Geige (Studentenspr. 1846, eigtl. s. v. w. cunnus, s. Kluge), Geigerl (Gaunerspr., Günther S. 24 Anm.) (zu „geigen“ s. v. w. futuere).

Gelbseidene (Dirnenspr., bei Ostwald; für eine „niedrigstehende Dirne“).

Glid (Gaunersprache, im Vocabular. des Liber Vagatorum 1512—16 [Weimar. Jahrb. IV S. 97]; wohl aus hebr. גֶּלֶד d. i. Haut, vgl. „Haut“ in der Soldatenspr. für „Geliebte“; Horn, Soldatensprache S. 131 denkt an „Glied“ für genitale).

Glunde, Glunte s. Klunte („Glund“ bei Vorstel, Dirnenspr.; „Glunde“ noch bei Ostwald).

Gluphur (niedd., bei Krünitz, Encyklopädie XXVI 1782 S. 614; zu „glupen“ d. i. heimlich spähen; für eine die ihr Gewerbe im verborgenen treibt).

Grasmücke (Studentensprache 1795, s. Kluge).

Grasnymphe (Studentensprache, s. Kluge S. 20).

Groschensloch (Freiburg i. B.; vgl. lat. quadrantaria, sowie Hellerhure u. Sechserkalle, s. unten).

Gurre, Gurli (Schweiz; eigtl. s. v. w. alte Stute [mhd., im Sprichwort noch z. B. in Steph. Riccii Commentarius in Hesiodi ἔργα καὶ ἡμέρας 1580 und in N. Frischlins Komödie Ruth 1590 III 4], urspr. eine keifende Alte [s. Strigl, Sprachwissenschaft f. alle I 1909 S. 219]).

Halbseidene (Dirnenspr., bei Ostwald; für eine „nichtkontrollierte Dirne besserer Art“).

Hanne (Dirnenspr., bei Ostwald).

Helena (Studentensprache um 1500, Kluge S. 20 u. 33).

Hellerhure (Mathesius, Sarepta 1562 Bl. 250a u. Krünitz, Encyklopädie XXVI 1782 S. 614, wo „Hällerhure“ geschrieben ist).

Hübscherin (Schilters Glossar 1728; mhd. hübeschærinne, eigtl. „eine Feine“).

Huldin (Zeitungsdeutsch; — die Mehrzahl ist von Rachel, Satire VIII 1677 V. 264 in Verspottung des Sprachreinigers Zesen für „Grazien“ gesetzt).

Hure (s. Kluges Etymolog. Wörterbuch).

Hurenbalg (Frisch 1741 S. 52).

Hurensack.

Jedermans Grein oder Keder: aller Buben

Sontag (Fons Latinitatis 1653 p. 34; „Grein" wohl zu „greinen" s. v. w. lächeln; „Keder" = Köder[1]).

Kletterhanne (Dirnensprache, bei Ostwald).

Klüngel (niedd., Münster in Westf.; eigtl. s. v. w. vom Kleide herabhangender Fetzen, übh. Lumpen).

Klunte (Münster in Westf.; — Günther führt S. 98 Anm. als der älteren Gaunersprache zugehörig an: Klonthe, Klunde, Glunde, Glunte, und bemerkt, daß „Klunte" jetzt im Magdeburgischen ein Kosewort für Mädchen sei; — vgl. niedd. „Klunter" = Klunker, s. v. w. Schmutzsaum am Frauenrock).

Knallnymphe (Studentensprache, s. Kluge S. 20; zu „knallen" s. v. w. futuere).

Kommißnickel (Frisch 1741 S. 172; = Soldatenhure; s. Nickel).

Kramtsvogel (Studentensprache, bei Menantes 1710, s. Kluge).

Krone (Halle a. S., s. Korrespondenzbl. d. V. f. niedd. Sprachforschg. 1909 S. 2).

Lager-Meuble (Studentensprache 1749, s. Kluge s. v. Meuble).

Lais (z. B. Lessing, Sinngedichte 119; eigtl. Name zweier griech. Hetären im 5. bzw. 4. Jahrh. v. Chr.).

Landhure (Frisch 1741 S. 569: prostibulum per regiones discurrens).

Landschwester (Studentensprache 1747, s. Kluge s. v. Schwester).

Laura (Gaunerspr., Günther S. 81; vgl. franz. laure im Gaunerargot s. v. w. Bordell und lorette).

Lorumhenne (Kundensprache, bei Ostwald; „Lorum" d. i. Unzuchtsgewerbe).

Lubno (Gaunersprache, bei Ostwald).

Luder (Studentensprache, b. C. J. Weber [† 1832], Demokritos XI Kap. 23; Kluge führt Laukhard, Schilda 1798 I S. 192 an; eigtl. s. v. w. Lockspeise[1]).

---

[1]) Zum Anlocken vgl. die von C. J. Weber, Deutschland III 1828 S. 367 f. angeführten Verse:

„Untern Linden, wie ihr wißt,
Wandlen, die darufen: Pst!
Mildgesinnte Herzen finden
Kannst du immer untern Linden
In Berlin, in Berlin,
Wenn die Fledermäuse ziehn."

Indessen, wie ein altes deutsches Sprichwort (bei Frisch S. 475) mahnt:

„An der Hunde Hinken,
An der Huren Winken,
An der Krämer Schweren [= Schwören]
Soll sich niemand kehren."

Lusch (Bayern, bei C. J. Weber, Deutschland I 1826 S. 474; „der Lusch" nach Albrecht, Leipziger Mundart, in Thüringen, Schwaben und Franken; vgl. mhd. lusch, m., d. i. Versteck, schles. u. bayr. „Lusche", f., d. i. Pfütze — Weinhold leitet es aus dem Slawischen ab — und „Lusch", f., d. i. cunnus in Schambachs Göttingisch-Grubenhagenschem Idiotikon sowie nach Frisch u. nach Kluges Etymolog. Wörterb. mundartliches „Lusche" für Hündin).

Melkerin (Dirnensprache, bei Vorstel u. Ostwald; für eine die während des Aktes stiehlt).

Mensch, das.

Metze (auch mit dem Zusatz „gemeine", z. B. Fons Latinitatis 1653 p. 34; eigtl. Kurzform zu „Mechtilde").

Meuble (Studentensprache 1766—79, s. Kluge; „die Möbel" wird als veraltet von Albrecht, Leipziger Mundart angeführt).

Miez (Studentensprache 1781 bis 95, s. Kluge; noch 1841 im Studentikosen Idiotikon; eigtl. s. v. w. Mariechen, auch Katze).

Mischl (Vorstel, Dirnenspr.).

Mitleidige Schwester (Studentensprache 1769, s. Kluge).

Mitmacherin (Krünitz, Encyklopädie XXVI 1782 S. 614 u. Albrecht, Leipziger Mundart).

Möse (Dirnenspr., bei Ostwald; eigtl. cunnus).

Motte (Dresden, Soldatensprache, Horn S. 131).

Möwchen (Albrecht, Leipziger Mundart; eigtl. eine Art Tauben).

Mus (Dirnenspr., bei Ostwald; niedd. = Maus, cunnus).

Musch (Dirnenspr., Vorstel u. Ostwald; wohl eigtl. Katze).

Nachtvogel (Studentensprache 1781, s. Kluge).

Nafke (Gaunerspr., bei Ostwald), Nafsk (Vorstel, Dirnensprache) (zu hebr. נָאַף d. i. Unzucht treiben).

Nährmutter (Dirnenspr., bei Ostwald, Nachtrag).

Neukirchhofsmamsell (Albrecht, Leipziger Mundart; nach ihrem Wohnplatze, jetzt Matthäikirchhof, benannt).

Nickel (Frisch 1741 II 17 „wegen der verächtlichen Gleichheit mit einem solchen Pferd das man Nickel nennt, quia quemcunque sessorem admittit"; in der Studentensprache seit Ende 18. Jahrh., s. Kluge; vgl. Kommißnickel).

Nille (Studentenspr. 1728 bei Stoppe u. 1746, s. Kluge; eigtl. penis).

Nutte (Dirnensprache, bei Ostwald; für eine „ganz junge Dirne mit noch kindlichem Aussehen").

Nymphe (Studentensprache 17.—18. Jahrh., s. Kluge S. 20).

Patentjungfer (Goslar, bei Albrecht, Leipziger Mundart s. v. Neukirchhofsmamsell).

Pezze s. Betze.

Phryne (eigtl. Spitzname einer griech. Hetäre um 360 v. Chr.; urspr. „Kröte").

Pillenträgerin (Dirnenspr., bei Ostwald; für eine „Dirne die Schwangerschaft simuliert").

Plâster (niedd., Hannover u. Westfalen; = Pflaster).

Privatdozentin (Berliner Ausdruck, der in die Studentensprache 1825—31 überging, auch bei Holtei, s. Kluge; nach Albrecht, Leipz. Mundart für ein F. das eine Privatwohnung hat).

Rasenwälzer (Albrecht, Leipziger Mundart).

Rierbein (Dirnensprache, bei Ostwald; für eine „häßliche gemeine Dirne").

Rosinante (Studentenspr. 1846, schon bei Heun 1794 für Schatz, s. Kluge; eigtl. des Don Quijote Pferd).

Sack (Frisch 1741 II 140).

Sau, Saumensch (das).

Saubesen (s. Besen unter Dienstmädchen!).

Schandbalg (Frisch 1741 S. 52).

Schandhure (Frisch 1741 II 161).

Schicksel (Österreich; zu hebr. שִׁקְץ d. i. Greuel, Unreines, da urspr. die Juden damit ein Christenmädchen, bes. ein bei ihnen dienendes, bezeichneten; im Munde der Christen nahm das Wort dann die Bedeutung von „Judenmädchen" an; „Schickse" in der Kundenspr. ein Frauenzimmer auf der Wanderschaft).

Schleppsack (Albertinus, Haußpolicey, München 1602 Bl. 58 u. 217; sonstige Belege aus dem älteren Neuhochdeutsch sowie aus ober- u. niederdeutschen Mundarten siehe im Deutschen Wörterbuche; eigtl. die einen schleppenden Gang hat[1]).

Schnalle (Gaunerspr., bei Ostwald; eigtl. cunnus).

Schnepfe, niedd. Schneppe (Studentensprache, Kluge S. 55; vgl. „Schnepfenstrich" u. „Strichvogel", s. unten).

Schottel (Narrenschiff Bl. 122 bei Frisch II 222; vgl. mhd. schot d. i. schmutzig).

Schref (Vocabular. des Lib. Vagatorum 1512—16 [Weimar. Jahrb. IV S. 100]; vielleicht zu mhd. schreffen = schröpfen — vgl. Deutsches Wörterbuch s. v.

---

[1]) Plautus (bei Gellius III 3, 6) nennt sie nach ihrem Gange „scrupedae", welches Wort Taubmann (im Index zum Kommentar s. v. petreiae in seiner Plautus-Ausgabe von 1612) erklärt durch: „die gehen, als ob sie vff Dörnern gingen"; jetzt sagen wir: „sie gehen wie auf Eiern".

Schreffenboß —, wenn nicht zu hebr. שָׂרַב = שָׂרַף d. i. verbrennen).

Schüler ex collegio quinto (Studentensprache in Leipzig u. Breslau um 1700, s. Kluge S. 33 Anm. 1; „fünfte Fakultät" s. v. w. Bordell).

Sechserkalle (Dirnenspr., bei Ostwald; „Kalle" aus hebr. כַּלָּה d. i. Geliebte; vgl. Groschensloch, s. oben).

Sone (ältere Gaunersprache, aus hebr. זוֹנָה; besonders in „Sonebeth" [Horn, Soldatenspr. S. 131] oder „Sonnenbos" [Stumme S. 13] d. i. Bordell).

Spinde (Kundenspr., bei Ostwald; eigtl. Schrank, in den man etwas hineinhängt).

Spinne (Hamburger Verbrecherspr., Roscher in Groß' Archiv III 277; für „das Frauenzimmer, welches den Zuhälter unterhält").

Spritzbüchse (Kundenspr., bei Ostwald).

Strahlhure (Krünitz, Encyklopädie XXVI 1782 S. 614; „Strahl" s. v. w. Blitz; für eine Erzhure).

Stratenfeger s. Feger.

Strichvogel (Dirnenspr., bei Ostwald; vgl. „sie geht auf den Strich"; für eine Straßendirne).

Täw, Tiffe (niedd., Altmark; eigtl. s. v. w. heiße Hündin).

Teckel (Münster in Westf.; eigtl. s. v. w. Dachshund).

Tele, Töle (Kundenspr., bei Ostwald; berlinerisch, eigtl. Hund).

Temegge, Temeige (Dirnensprache, bei Ostwald; zu hebr. טְמֵאָה d. i. Unreine?).

Tille (Kundensprache, bei Ostwald; berlinerisch = Tülle?).

Titte (Vorstel, Dirnenspr.; eigtl. niedd. = Zitze d. i. Brustwarze).

Toppsau (Dirnenspr., bei Ostwald).

Trine (Kundenspr., bei Ostwald; für eine „Dirne gewöhnlichen Schlages", sehr verächtlich; kommt „wahrscheinlich mehr von Latrine als von Kathrine" her).

Trülle (Frisch II 392 zitiert Geiler von Kaisersberg u. Pictorius; schon mhd.).

Venuspriesterin.

Vettel (aus lat. vetula d. i. Alte).

Wallrutscher (Soldatensprache in Straßburg, Horn S. 131; „wegen der Rendezvous an den Befestigungswällen").

Wetterhahn (neuere Gaunersprache, Günther S. 72 Anm. 73; nach Pott, Die Zigeuner II S. 10 wegen ihrer „wetterwendischen Zuneigung").

Zobelchen (Grimmelshausen).

Zugvogel (Studentenspr. 1831, s. Kluge).

Friseur:

Herr der Haarscheren („nicht zu verwechseln mit Heerscharen“, wie der Wiener Schriftsteller Daniel Spitzer [† 1893] scherzte).

Horklöwer (niedd., Hannover; = Haarklauber).

Kopp- un Bort-Kratzer (niedd., Mecklenburg).

Perückenhengst (1779, s. Kluge, Studentenspr. S. 16).

Prükenmaker (niedd.; = Perückenmacher).

Siehe auch unter Barbier!

Fuhrmann, Kutscher:

Agler (Gaunersprache, Tetzner s. v. welsch; zu hebr. עֲגָלָה d. i. Wagen).

Bahnschütz (in Berlin für einen Droschkenkutscher der an einem Bahnhof seine Haltestelle hat).

Fuhrpech s. v. w. Pech, s. dort.

Furatsch (Gaunersprache; nach Günther S. 37 wohl von franz. fourage).

Herr vom Bocke (Zeitungsdeutsch; für einen Droschkenkutscher).

Klatscher (Gaunersprache, Tetzner s. v. welsch; zu „klatschen“ s. v. w. mit der Peitsche knallen; für einen Frachtfuhrmann).

Milchtopp (nach dem Richtigen Berliner für den Kutscher einer Taxameterdroschke wegen des weißen Hutes).

Onkel (häufige Anrede an Droschkenkutscher).

Pech (1600, s. Kluge, Studentensprache S. 17).

Radler (Gaunersprache).

Rosselenker.

Schmeißer (jüdisch-deutsch bei Jac. Gerzon, Die jüd.-deutsche Sprache 1902 S. 116; zu „schmeißen“ s. v. w. schlagen).

Schwarzlackierter (in Berlin für einen Droschkenkutscher 1. Klasse wegen des schwarz. Hutes).

Straderadler (Gaunersprache, Günther S. 99 Anm. 118; für einen Lohn- od. Landkutscher).

Viehracker (Albrecht, Leipziger Mundart; volksetymologisch für „Fiaker“).

Weißlackierter (in Berlin für den Kutscher einer Taxameterdroschke wegen des weißen Hutes, z. B. bei Viebig, Das tägliche Brot 1901 I S. 81).

Zauderer (früher in Leipzig, nach Albrecht, die Lohnkutscher, welche eine sehr langsame Personenbeförderung, besonders nach Dresden, betrieben; wohl mit Anlehnung an „Hauderer“).

Sprichwörtlich ist „fluchen wie ein Fuhrmann“. Abraham a. S. Clara, Etwas für Alle 1699 S. 151 f. sagt darüber: „... die meiste Gutscher und Fuhr-Leuth, wann die Roß nicht wollen ziehen, oder sonst widerspenstig seyn, pflegen dergestalten zu fluchen, daß kein einiger Calender aus allen so viel Donner und Hagel setzt, als diese Gesellen, die Teuffel in der Höll bekommen von niemand so viel Ladschreiben, als von den Fuhr-Leuthen." Auch galten sie als dem Trunke ergeben; so steht „ein versoffener Kutsch" für einen Trunkenbold in F. Taubmanns Virgil-Kommentar 1618 S. 1039. In der Kundensprache bedeutet „Kutscher" s. v. w. Bier, in der Berliner Mundart „Kutscherseidel" ein abgestandenes Glas Bier. „Kutscher" nennt man auch geringen Moselwein.

Gärtner:

Erdenwühler (Münster in Westf.).

Gurkenmacher (Gaunersprache, bei Ostwald).

Kabûs-Görner (niedd., Münster in Westf.; „Kohlgärtner").

Kohlhase (Gaunersprache, Günther S. 70).

Mus-Menger (Apherdianus 1577 bei Frisch S. 676; = Gemüsehändler; „Menger" aus lat. mango).

Rabattentreter (Münster in Westf.; eigtl. der von einem großen Stück Land einzelne schmale Beete durch Abtreten bildet; — dann übh. von einem der schwer auftritt; in der Kundensprache u. der Berliner Mundart s. v. w. große Stiefel).

Gastwirt:

Baas (Kundensprache, bei Ostwald; aus dem Niederdeutschen; „Herr").

Baiser (Gaunerspr.; Tetzner schreibt „Beiser", Ostwald „Beizer"; zu „Bais" d. i. Wirtshaus aus hebr. בַּיִת d. i. Haus).

Balbasse, Balbos (Gaunersprache, bei Ostwald; „Bal" aus hebr. בַּעַל d. i. Herr; „Basse" u. „Bos" = „Bais", s. d. vorige).

Balspieße (Gaunersprache, bei Ostwald; „Herr des Wirtshauses", s. das vorige und Spieß).

Bierpantscher (nach Kluges Etymol. Wörterb. s. v. panschen schon bei Henisch 1616).

Bierphilister (Stoppens Teutsche Gedichte I 1728, s. Kluge, Studentensprache S. 14).

Budiker (Berliner Ausdruck aus franz. boutique d. i. Laden mit Anlehnung an „Bude"; für einen Schankwirt).

Fetzer (Gaunersprache, Tetzner s. v. welsch; wohl nur verkürztes „Schöcherfetzer", s. da).

Flegenwirt (niedd., Holstein; „Fleg" = Fliege; für einen schechten Gastwirt).

Gastrat.

Giftmischer (Kundenspr., bei Borstel, Unter Gaunern S. 7 und bei Ostwald; für Destillateur; — auch für Apotheker und für Arzt).

Gritschimari (in der Gaunersprache noch um 1813, nach Günther S. 95 aus slaw. karczmarz, woher auch „Kretschmar").

Henselin(er) (Frisch S. 415 f. zitiert Brant [Narrenschiff Nr. 27] u. Mathesius, bei denen es für einen liederlichen Schankwirt bzw. Weinverfälscher steht).

Hospes (Gaunerspr., Günther S. 33; auch Studentenspr., Kluge S. 95, wo auch „Hospita" für Gastwirtin angeführt ist; aus dem Lateinischen).

Kallfrosch (Gaunerspr., b. Ostwald; vgl. „Kalle" s. v. w. Wirtstochter aus hebr. כַּלָּה d. i. Geliebte).

Kellerwirt (Frisch 1741: caupo cellarius, plerumque vix honestioris loci quam leno).

Klippkröger (niedd., Münster in Westf.; s. Kröger; für einen schlechten od. kleinen Gastwirt), Klippschenk (Frisch 1741).

Knapphans (früher für den Pächter einer Kantine).

Kneipele („Ich heiß Johann Kneipele, Drum thu auf dein Beutele!" C. J. Weber [† 1832], Demokritos XI Kap. 13).

Kneipier (sprich Kneipjé; Studentensprache, nach Kluge seit 1822 gebucht).

Koberer (Kundensprache, b. Ostwald; zu „Kobera" in der Gaunerspr. s. v. w. Wirtshaus; u. dieses zu mhd. koberen in der Bedeutung „sich erholen").

Kretschmar (Frisch 1741, noch heute in Mitteldeutschland; zu mhd. kretschem d. i. Dorfschenke, aus dem Tschechischen; für einen Dorfwirt).

Kröger (niedd.; eigtl. Schankwirt auf dem Lande).

Leutgeb (Frisch 1741 mit der Erklärung „der den Leuten als Wirth das nöthige ums Geld gibt", vielmehr volksetymologisch statt „Leitgeb" [Fons Latinitatis 1653 s. v. caupo] u. dieses aus mhd. lîtgëbe zu lît s. v. w. Obst-, Gewürzwein; auch zu „Laygeb" und „Leigöb" verunstaltet).

Lotterl (Vorstel, Dirnensprache; für Schankwirtin).

Pipenkröger (niedd., Holstein; für den Besitzer einer unfeinen Wirtschaft, in der die Gäste aus Pfeifen rauchen? — oder ist „Pipe" hier s. v. w. Brunnenröhre?).

Schächer (Gaunerspr., Tetzner s. v. welsch; s. Schöcherfetzer).

Schinder (Taubmanniana 1737 S. 204; s. unter Arzt).

Schöcherfetzer (oberd. Gaunersprache, im Vocabular. des Liber Vagatorum 1512—16 [Weimar. Jahrb. IV S. 100] und um 1620 [Kluge, Rotwelsch S. 136; Stumme S. 23]; aus hebr. שֵׁכָר d. i. berauschendes Getränk und „Fetzer", das mit lat. facere d. i. machen, besorgen zusammengebracht wird).

Schwächer (Gaunerspr.; zu „schwächen" s. v. w. trinken,

und dieses nach Stumme S. 20 aus hebr. שָׁכַר d. i. zechen, nach Günther S. 28 mit Anlehnung an die schwächende Wirkung des Alkohols).

Spieß (Gaunersprache; zu „Spieße" d. i. Wirtshaus, und dieses nach Günther S. 34 aus lat. hospitium).

Suppenautor (Studentensprache, nach Kluge 1781 gebucht).

Vetter (studentische Anrede an den Wirt auf dem Jenaer Burgkeller 1831, s. Kluge).

Wiedertäufer (vgl. Weber, Demokritos XI Kap. 15: „. . . so selten als . . . Weinhändler und Wirthe, die keine Wiedertäufer sind").

Siehe auch unter Herbergswirt!

Gefangenwärter:

Amtsschauter, auch (Günther S. 27) Amtsschoder (Gaunersprache; „Schauter" wird aus hebr. שֹׁטֵר d. i. Schreiber, Beamter hergeleitet; vgl. aber niederl. schout d. i. Schultheiß und schoutschap d. i. Amtmannschaft; „Amts-" ist verdeutlichend; — „Oberschauter" bei Ostwald für Gefängnisdirektor).

Cerberus (übh. für einen grimmigen Pförtner oder Wächter).

Eisenamtmann (Bayern, bei C. J. Weber, Deutschland I 1826 S. 474).

Eisenmeister.

Hartl (Gaunersprache, bei Ostwald).

Jomschien, Jomschmiere (Gaunersprache, bei Ostwald; hebr. יוֹם d. i. Tag; „Schien" s. unten; „Schmiere" aus neuhebr. שְׁמִירָה d. i. Wache; für Tagesaufseher im Gefängnis).

Kerkermeister (aus Luthers Bibelübersetzung).

Kittchenboos (Kundensprache, bei Ostwald; „Kittchen" d. i. Gefängnis, von zweifelhafter Ableitung, s. Günther S. 51; „Boos" = niedd. „Baas", Herr, Wirt).

Maschores (Gaunerspr., bei Ostwald; zu hebr. שָׁרַת d. i. dienen; für Anstaltsaufseher).

Obermassinger (Gaunersprache, bei Ostwald; zu „massern" d. i. verraten, hebr. מָסַר).

Schien(er) (Gaunerspr., Günther S. 44 Anm. 44; Stumme S. 20 führt das Wort auf den hebr. Buchstaben שׁ, schîn, zurück, der als Abkürzung für verschiedene auf Polizei bezügliche mit Sch beginnende Wörter, wie Schließer, Schandarm, Schutzmann, gebraucht wird; man könnte auch an hebr. שִׁין d. i. harnen denken, vgl. „Hagseicher" u. „Schiffer" für Lehrer).

Slüter (niedd., = Schließer).

Wetsch (Kundensprache, bei

Ostwald; für einen Gefangenwärtergehilfen).

Ausdrücke für „Gefangenwärter" beim Militär s. Horn S. 121 f.

Siehe auch unter Gendarm und unter Polizist!

Geistlicher:

Arme-Leute-Prediger (für einen ungelehrten Prediger).

Baalspfaff (Frisch 1741: „ein böser abergläubischer Priester").

Bauchpfaff (Frisch S. 72: sacerdos ventricola), Bauchprediger (Narrenschiff Bl. 75).

Bauernpfäfflein (für einen Dorfpfarrer).

Bibelhingst (niedd., Mecklenburg; — auch für Küster).

Bibelhusar (in der Studentenspr. seit 1795 für einen angehenden Geistlichen; in der Pfalz Ende 18. Jahrh., nach Kluge S. 70, und in Leipzig für einen Geistlichen der mit Bibelsprüchen um sich wirft).

Bibelkrämer (Marggraff, Johs. Mackel 1841 II 119).

Bolkhas (Krämerspr., bei Kluge, Rotwelsch S. 448; für einen Mönch).

Bonze (eigtl. buddhistischer „Mönch"; seit Wieland für einen bigotten u. despotischen Geistlichen, s. Kluge, Etymolog. Wörterb. 7. Aufl. u. Ladendorf, Hist. Schlagwörterb. S. 31; — in der Berliner Mundart für Vorgesetzter übh.).

Bruder Graurock (G. A. Bürgers Gedichte, S. 201 d. Ausg. v. 1860; für einen Mönch).

Chatz (alemannische Scherzsprache, bei Kluge, Unser Deutsch S. 88).

Christlicher Geduldprediger (Marggraff, Johs. Mackel 1841 II 119).

Deckentrager (Potorianus [d. i. J. Prätorius], Philosophia Salustiana 1664; „Decke" nämlich auf dem Kopfe; vgl. Liripipjentrager).

Dorfpapst (Weisflog).

Feldmesser (C. J. Weber, Demokritos XII, Kap. 2; Volksverdrehung von „Frühmesser").

Finsterling (Gaunerspr., Günther S. 60).

Gallach (Gaunersprache, aus hebr. גָּלַח d. i. kahl sein; im Vocabular. des Liber Vagatorum 1512—16 [Weimar. Jahrb. IV S. 96 bzw. 97] als „Galch" und „Galle" verzeichnet; wegen der Tonsur der katholischen Geistlichen).

Gerlach (Gaunerspr., Tetzner s. v. welsch; wohl aus dem vorigen entstanden).

Gottswurd von'n Lan'n s. Wort Gottes vom Lande.

Gugelfranz (Gaunerspr., Günther S. 83; im Vocabular. des Liber Vagator. [Weimar. Jahrb. IV S. 97] für Mönch u. „Gugelfrenzin" für Nonne; eigtl.

für Franziskaner; „Gugel" d. i. Kapuze).

Herr vom geistlichen Stuhl.

Himmelsfähnrich (Soldatenspr., Horn S. 58; für einen jüngeren Feldgeistlichen).

Jesus Sirachs Knecht (Studentenspr., Kluge S. 10; für einen angehenden Geistlichen).

Jesuwider (zuerst bei Fischart 1580, s. Büchmann; — vgl. auch Jesu-vitulus in den Taubmanniana 1737 S. 209 sowie: „Si cum Jesuitis — non cum Jesu itis"; — im niedd. „Jesuwiter" ist „w" nur vokaletrennendes Einschiebsel).

Kamesierer (im Liber Vagator. [Weimar. Jahrb. IV S. 82] für einen bettelnd umherstreichenden Studenten der Theologie und im Vocabular. dazu [ebenda S. 98] als „ein gelehrter Bettler" erklärt; zu lat. camisia s. v. w. Albe, das weiße Meßgewand, woher auch camister in der englischen Gaunersprache für „Geistlicher"; also eigtl. Meßpriester).

Kanzelhusar (C. J. Weber, Demokritos X, Kap. 12).

Kanzelschläger (Zesen).

Kappenhans (Gaunersp., Günther S. 83; für einen Kapuziner).

Katechismuspape (Studentenspr., Kluge S. 10; für einen angehenden Geistlichen).

Kirchenlicht (früher nur in ehrendem Sinne, z. B. in Trillers Poet. Betrachtungen III [zuerst 1742] 2. A. 1750 S. 97 in bezug auf den Abt Mosheim u. in Langbeins Gedichten II 159 der Ausg. v. 1843 in bezug auf Luther).

Kirchensäule (für einen geistlichen Würdenträger, meist ironisch).

Klößverderber (Oberfranken, bei S. Bach, Bareither Klöß 1906 S. 76; für einen Pfarrer der durch zu langes Predigen das Mittagessen verzögert; vgl. Frisch II 461: „Die bösen Zuhörer haben gerne lange Bratwürst und kurze Predigten").

Kolb (Gaunerspr., Tetzner s. v. welsch; wohl zu „Kolbe" s. v. w. Glatze, wegen der Tonsur).

Kommißbonze (Soldatenspr., Horn S. 58; s. Bonze; für einen Feldgeistlichen).

Kommißchristus, Kommißjesus (Soldatensprache, Horn S. 58, urspr. preußisch; für einen Feldgeistlichen).

Körpersorger (Das Reich der Meinungen 1806 S. 68; für einen Seelsorger der sich auch mit der Heilkunde befaßt).

Kuttengeier (Gaunersp., Günther S. 69), Kuttenhansel (Wien, bei Günther S. 83), Kuttenträger (für einen Mönch).

Lefranz (Gaunerspr.; im Vocabular. des Liber Vagator. [Weimar. Jahrb. IV S. 98] für Priester; eigtl. für Franziskaner, Umstellung von „Franzle", s. Günther S. 49).

Leisetreter (Frisch S. 604, der Rehtmeyers Braunschweig. Chronik zitiert; für einen „gelinden" Prediger).

Liripipjentrager (Potorianus a. a. O.; liripipium, neulat., angeblich aus cleri peplum, hieß eine besondere Kopftracht der Geistlichen).

Lückenbüßer (Das Reich der Meinungen 1806 S. 121; für einen Hilfsprediger).

Meßpfaffe (für einen katholischen Geistlichen; von dem Messelesen).

Muffel (dieses Wort kam als Spottname für einen Pietisten durch die zuerst in Leipzig 1731 erschienene, recht verbreitete Satire „Muffel, der neue Heilige, nach dem Leben geschildert" auf, deren Verfasser, Joh. Simon Buchka, 1737 einen Widerruf u. d. T.: „Evangelische Bußthränen über ... ‚Muffel ...'" folgen ließ; er entnahm das Wort den [1727 im Anhang zu Hanckes „Weltlichen Gedichten" veröffentlichten] Satiren Benj. Neukirchs, der es als M. Oufle d. i. Monsieur Oufle, letzteres Umstellung von le fou, in einem französischen Werke vorgefunden habe; dieses kann die 1712 zu Danzig in deutscher Übersetzung herausgekommene „Historie, oder: Wunderliche Erzehlung der seltsamen Einbildungen, welche M. Oufle auß Lesung solcher Bücher bekommen, die von der Zauberey ... und anderen Aberglaubichen Dingen handeln" sein, für deren Verfasser der unter dem Namen „Abt Bourdelot" bekannte, 1685 zu Paris als königlicher Leibmedikus gestorbene Pierre Michon gilt; dann finden wir „Muffel" in Lessings Sinngedichten Nr. 123 für einen „frommen Mann"; ferner in Pfeffels Poetischen Versuchen [I 5. Aufl. 1816 S. 104]:

„Ein stolzer Muffel glaubt mit seinem Heuchelschein
Für Gottes Auge selbst verschmitzt genug zu sein,
Indem er gleißnerisch den Schalk zu decken suchet,
Die Welt ein Sodom heißt und auf die Ketzer fluchet";

endlich übersetzte L. H. v. Nicolai 1819 Molières Tartuffe unter d. Titel „Muffel, oder der Scheinheilige"; — das Deutsche Wörterbuch bringt nur den letzten Beleg, wobei es von dem „ersonnenen Eigennamen Muffel" spricht, und stellt „Muffel s. v. w. Heuchler, Scheinheiliger" zu „Muffel s. v. w. mürrischer Mensch, eigtl. Brummer, nach dem Laute ‚muff'").

Noll(en)bruder (früher statt „Lollhart" [Art Laienbrüder]

od. „Lollbruder" [letzteres in Mathesius' Sarepta 1562 spöttisch für einen dicken Mönch], nach d. Deutschen Wörterb. mit Anlehnung an „nollen" s. v. w. futuere, während Günther S. 33 gaunerisches „nollen" als Abkürzung von „paternollen" d. i. beten zu „Paternoller" statt „Paternoster" s. v. w. Rosenkranz anführt).

Nonnerich (Glaßbrenner; für einen Mönch)).

Pastor loci (lat., „Ortsgeistlicher", oft scherzhaft gebraucht).

Pfaffe, niederd. Pap (urspr. Ehrenbenennung).

Pfaffianer (Stieler 1691).

Pfäfflein.

Plettling (Geilers Postill bei Frisch II 62; zu „Platte" s. v. w. Glatze).

Postillen-Reuter (Frisch II 67: „der aus andern Predig-Büchern ausschreibt").

Prädikant (Frisch II 69: „Im Spott nennen einige die protestirenden Prediger Prädicanten, weil sie ihnen das Priestertum nicht zugestehen").

Priemer (Gaunersprache, Günther S. 33; nach ihm von der prima hora beim Messelesen; könnte auch aus [pastor] primarius entstanden sein, jedenfalls mit Anlehn. an niedd. „Priem" d. i. Kautabak).

Priester, niedd. Preister (urspr. nur in ehrenvollem Sinne).

Schlepper (Gaunersprache, bei Fischart und Murner, s. Deutsches Wörterbuch; für einen entlaufenen Priester).

Schwarzer, Schwarzkittel, Schwarzrock.

Schwarzer Gendarm, Schwarzfärber (Gaunersprache).

Schwarzkünstler (Wien. Gaunerspr., Günther S. 65; — auch für Buchdrucker u. für Schornsteinfeger).

Schwarzmantel (im 17. Jahrh. für einen angehenden Geistlichen).

Seelenhirt (oft scherzhaft gebraucht; „der Seelen-Hirtschaft Anbildling" nannte sich Wilh. Hauff scherzweise statt theologiae candidatus, s. Hans Hofmann in den „Burschenschaftl. Blättern" 1902).

Seelwarter (Frisch II 254; scherzhaft für einen Pfarradjunkten).

Stiegelhüpfer (Frisch II 328, der sich auf die Teutschen Sprichwörter bezieht, erklärt: „ein ungelehrter Dorf-Pfaff").

Stiftler (früher in der Studentenspr. für einen angehenden evangel. Geistlichen, eigtl. für einen im theologischen Seminar zu Tübingen vorgebildeten).

Traurige, der (Kundensprache).

Wallach (Gaunerspr., Günther S. 47; nach ihm = Gallach, s. da).

Wort Gottes vom Lande (urspr. „Gottes Wort vom Lande", wie es in Langbeins Gedichten II 1800 S. 110 heißt, s. Büchmann 21. Aufl. S. 204; niederd., Mecklenb.: Gotts-wurd von'n Lan'n; für einen Dorfpfarrer).

Wullenbündel (Gaunersprache, Günther S. 24 Anm.; für Kapuziner).

Zelot (griech., Glaubens-„Eiferer").

Im Sprichwort heißt es: „Pfarrerkinder und Müllerküh' Geraten minder oder nie" (Eckart, Stand und Beruf im Volksmund S. 118; wohl weil sie es zu gut haben, vgl. ebenda S. 197 f.: „Müllers Henn' und Witwers Magd Hat selten Hungersnot geklagt" und: „Für Müllers Hennen, des Bäckers Schwein und der Witfrau Knecht soll man nicht sorgen"), und: „Pastors Kind und Müllers Vieh Gedeihen selten oder nie; Wenn's gerät, wird's gutes Vieh" (vgl. Hans Hoffmann, Das Gymnasium zu Stolpenburg 1891 S. 131). Und der Lübecker Superintendent George Heinrich Goetze († 1728) schrieb eine Abhandlung „de fatis tristibus, quae Theologorum clarissimorum filii subierunt". Auch von Lehrerkindern sagt der Volksmund, daß sie selten geraten (vgl. des Pädagogen Lorenz Kellner Lebensblätter 3. A. 1897 S. 122, wo er zu dem Schluß kommt, daß sie in erziehlicher Hinsicht mehr Gefahren ausgesetzt seien als andere Kinder). Allgemeiner sagte man früher: Heroum filii noxae (Frankfurter Sprichwörtersammlung v. 1548 Bl. 72 b mit der Erklärung: „Reicher, grosser, weiser leut kinder geradten selten wol"), auf deutsch z. B.: „Hoher vnd edler Leut Kind Offt nur ein Schand vnnd Schaden sind" (Lehmans Florilegium Politicum auctum 1662 S. 191, wo auch das wohl hauptsächlich auf Pastorenkinder zielende Sprichwort angeführt wird: „Kinder wollen offt jhrer frommen Eltern Lied nicht singen") oder derber, vielleicht durch Anklang an noxae entstanden: „Helden Kinder Oxen" (Haupttitel einer Abhandlung von E. Wolgemuth, Schleusingen 1631, aber älter, vgl. Fons Latinitatis 1653 p. 433: „der vornehmsten Leute Kinder gerathen offt übel, sind schädliche Wurtzeln, ut Scriptura loquitur, Landschaden, grobe Ochsen, ut Philippus [Melanchthon] dicebat"). Beispiele sind schon im Altertum von Valerius Maximus III 5 und von Älius Spartianus in seiner Lebensbeschreibung des Kaisers Severus zusammengetragen, dann in der Frankfurter Sprichwörtersammlung a. a. O., und noch in J. A. Bernhards „Curieusen Historie derer Gelehrten" 1718 S. 326—329 handelt ein besonderes Kapitel „Von Gelehrten die mit ihren Kindern unglücklich gewesen" (s. auch S. 401 u. 594). Übrigens ist jenes neulateinische Sprichwort eine Übersetzung des griechischen: Ἀνδρῶν ἡρώων τέκνα πήματα (Fabri Thesaurus, ed. Cellarius 1696 col. 1075, wo noch ein ähnlicher griechischer Ausspruch angeführt wird). — Albrecht, Leipziger Mundart 1881 S. 30, erwähnt „Pastor-art" als Umdeutschung der Bauern für „Bastard".

Gelbgießer:
Grünspan (Kundenspr.).

Geldverleiher:
Blutsauger, niederd. Blaudsuger.
Fugger (veraltet; nach dem Augsburger Handelshause benannt, s. Deutsches Wörterbuch).
Geldphilister (Stoppens Teutsche Gedichte I 1728, s. Kluge, Studentensprache S. 14).
Geldschacherer (nach Kluge, Etymolog. Wörterb., 7. A. s. v. schachern schon bei Comenius 1639; s. Schacherjude unter Hausierer!).
Gucksmacher (Kindlebens Studentenlexikon 1781, s. Kluge s. v. Jux).
Halsabschneider (vgl. Cicero, or. pro Roscio Amerino 29, 80: sectores collorum).
Heuschrecke (Studentensprache, nach Kluge 1831 gebucht).
Kopfabschneider (Albrecht, Leipziger Mundart).
Krawattenfabrikant (Berliner Ausdruck; „Krawatte" beschönigend für „Strick"), Krawattenmacher (Gaunerspr., bei Ostwald).
Manichäer (schon in Stoppens Teutschen Gedichten I 1728; nach Kluges Studentensprache S. 56 von der altchristlichen Sekte wegen d. Anklangs an „mahnen").
Menschenfreund (ironisch).
Oller ehrlicher Seemann (nach dem seine Ehrlichkeit beteuernden Wucherer namens S., der vor einigen Jahren durch einen großen Spielerprozeß berüchtigt wurde).
Pimpier (Studentenspr., nach Kluge 1825 gebucht).
Pumpier (Studentenspr., nach Kluge seit 1822 gebucht).
? Quelve (Studentenspr. 1764, s. Kluge S. 117, auch Unser Deutsch S. 95).
Shylock (aus Shakespeares „Kaufmann von Venedig").
Speckengel (F. Reuter, Ut mine Stromtid, Kap. 38; wohl aus der Studentensprache, in welcher „Speck" s. v. w. Geld bedeutet; s. meine Erläuterungen zu Reuters Stromtid II [1906] S. 72).
Treter, Trittvogel (Studentensprache, nach Kluge 1831 bzw. 1846 gebucht; für einen „tretenden", mahnenden G.).
Unbeschnittener Jude (z. B. Reich der Meinungen 1806 S. 117).
Wittjud (niederd., Mecklenburg; = „weißer Jude").
Wohltäter (ironisch).
Wucherer.

Gelehrte im allgemeinen:
Absinth-Doktor (für Dr. in absentia).
Aftergelehrter.
Backfisch (16.—17. Jahrh., s. Kluge, Etymolog. Wörterb. 7. Aufl.; für Baccalaureus).
Bankrutscher (Rud. Eckart, Stand u. Beruf im Volks-

mund [1900] S. 85; für einen einseitigen Gelehrten).

Baretlins-Narr (Frisch 1741 S. 67, der Schilters Glossar und das Narrenschiff zitiert; vgl. Rachels Satiren 1664 VI V. 317 f.: „Dem Alten länget nur, er wartet alle Tage, Daß sein Phidippus auch das rot Paretlein trage", d. h. den Doktorhut).

Blackscheißer, Blackschiter (eigtl. „ein hoffärtiger Schreiber; die unwissenden Soldaten geben auch den Gelehrten diesen Namen", Frisch 1741 II 171; „Blackscheißer war zu Friedrich Wilhelms I. Zeit in Offizierskreisen die gang und gäbe Bezeichnung eines studierten Mannes, der König hat es selbst gebraucht", Horn, Soldatenspr., S. 27 f.; „die echten Stockgelehrten oder zweibeinigten Thiere mit Federn — plattdeutsch Blakschiter", C. J. Weber [† 1832], Demokritos XI Kap.10, vgl. auch dess. Deutschland III 1828 S.762; zu niedd. „Black" d. i. schwarze Tinte; „Blackscheißerei" s. v. w. Gelehrsamkeit bei Casp. Abel, Satir. Gedichte 1714 S. 217).

Blackvogel (ältere Soldatensprache, bei Moscherosch, s. Horn S. 28; vgl. das vorige).

Böhnhase (17. Jahrh., s. unter Handwerker i. allg. a; für einen „unzünftigen" Gelehrten).

Buch in Hosen (Eckart a. a. O. S. 86).

Bücherfuchs (H. Marggraff, Gebr. Pech 1840 I S. 18; vgl. Schulfuchs).

Bücherhaase (Rachels Satiren 1664 IV V. 231).

Bücherwurm („bücherwurm und sylben-krämer-knecht", Hoffmannswaldau und andrer Deutschen Gedichte VI 1709 S. 226).

Charlatan (für ein. marktschreierischen Gelehrten, besond. Arzt [s. da]; vgl. J. B. Mencke, De Charlataneria eruditorum declamationes duae, Leipzig 1715, deutsch 1716; Ch. G. v. Murr, Satyra in paedantismum, thrasonismum et charletaneriam semieruditorum, Nürnberg 1763; J. G. B. Büschel, Charlatanerie der Gelehrten, seit Mencken, Leipzig 1791).

Dintenjunkker (Rachels Satiren 1664 IV V. 233).

Docthor („Den Docthor — Doctor wolt ich sagen, Ich bit jr wolt mich nicht verklagen", Nd. Frischlin, Pritschmeistersreime 1589; „Und schlägt, wie Padua, oft Esel zu Doc-Thoren", J. Ch. Günther, Gedichte 1735 S. 389 [vgl. Der gestryfft Schwitzer Baur 1522 bei Kluge, Von Luther bis Lessing S. 20: „In der deutschen Sprache macht man keinen Doktor, aber in der lateinischen Sprache krönt man viele Esel", und Schubarts Gedichte S. 40 d. Ausg. v. G. Hauff: „. . . Geld, des Menschen bester Kraft, Die aus den Eseln Doktor schafft"]; „Geld macht in der Regel Docthoren", C. J. Weber, Deutschland III 1828 S. 557 [derselbe meint ebenda S. 751: „... ist doch die anscheinende Tautologie ‚der gelehrte Herr Doktor' keine, wie mir Menage zu beweisen scheint, der irgendwo le docte Morel hatte drucken lassen und unter die Errata setzte: Lisez: le Docteur Morel"]; — Glaßbrenner witzelt 1847: „Je mehr Doctoren der Weltweisheit, je mehr Patienten derselben haben wir"; — Richard Wagner sprach verächtlich von „Kaffee-, Tee-, Visitendoktor"; — vgl. auch die sprichwörtlichen Redensarten: „Sei der Herr kein Doktor!" [z. B. bei Weber, Demokritos X Kap. 12], „es ist ein unschuldiger Doctor" [Frisch 1741 II 233, der die Teutschen Sprichwörter zitiert, mit der Erklärung: „der nicht viel versteht"], „sik tau'n Dokter lachen" [niedd., von einem „wohlbehaltenen lustigen Mann", Weber, Deutschland III S. 763] und „sich zu einem Doktor sauffen" [Rachels Satiren VI V. 282; dazu Potorianus d. i. J. Prätorius, Philosophia Salustiana 1664: Dum bibo vinum, loquitur mea lingva latinum; Dum bibo bis vel ter, sum quâlibet arte Magister], sowie die Verse: „Denn Doktor nennt sich jetzt vermessen, Wer eine gebratene Gans kann essen" [H. Wuttke, Jahrb. d. deutsch. Univ. 1842 II (S. 114]).

D u n s (gegen Mitte des 18. Jahrh. auftretend für einen aufgeblasenen, geistlosen Gelehrten, s. Deutsches Wörterbuch; auch wenn mit „(auf)gedunsen" verwandt, sicher beeinflußt durch engl. dunce d. i. Dummkopf, bes. in der Ableitung Dunciade [Popes Satire auf die schlechten Dichter 1728—42; Wielands „Ankündigung einer Dunciade für die Deutschen" 1755; Palissots Satire auf die französischen Philosophen 1764], in Erinnerung an den Dr. subtilis zubenannten Scholastiker Johannes Duns Scotus).

G e l a h r t e r (ältere Form, jetzt nur spott- od. scherzweise).

G e l e e r t e r (Glaßbrenner).

G e l e h r t e r N a r r (vgl. die vom Lustigmacher Friedr. Wilhelms I. David Faßmann verf. Schrift: „Der gelehrte Narr oder gantz gemeine Abbildung Solcher Gelehrten, die da vermeynen alle Gelehrsamkeit u. Wissenschaften verschlucket zu haben", Freiburg 1729).

G r i l l e n b e r g (Gaunersprache, bei Ostwald), G r i l l e n h a n s (desgl., Günther S. 83).

K a l m ä u s e r (16.—17. Jh. für einen gelehrten Stubenhocker, nach Kluge wohl eigtl. studentisches Wort für „Philister" und vielleicht aus lat. calamus d. i. Feder; nach anderen aus Camaldolenser [Mönch], jedenfalls mit Anlehnung an Duck-mäuser, s. Deutsches Wörterbuch; vgl. Ch. W. Schneier, Diss. philol. de pervagato quo litterati vapulant dicterio Kalmeuser, Salfeld.1709, Lubben. 1728).

Kandedate u. Kannedat (volksetymologisch; vgl. Holteis „Immer noch Candedate": Im Examen wird gefragt: Kann de dit? und: Kann de dat? Und kann de dat, dann ist er ein Candidat!).

Kande(e)l (Studentenspr., nach Kluge seit 1795 gebucht; „Kandel" niedd. = Kantel, viereckiges Lineal; für Kandidat).

Kandidel (niedd., im Wörterb. d. Mecklenb.-Vorpommersch. Mundart von Mi 1876, für Kandidat; „kandidel" d. i. vergnügt; in der Berlin. Mundart: „überkandidelt" d. i. verrückt, „sich eenen ankandideln" d. i. sich bezechen).

Kathederheld (für einen Universitäts-Professor).

Lebendige (auch wandelnde) Bibliothek (der sehr belesene französische Gelehrte Claudius Salmasius, eigtl. Claude de Saumaise, † 1653, wurde von seinen Zeitgenossen une bibliothèque vivante genannt; aber schon Erasmus von Rotterdam, † 1536, nannte einen Gelehrten eine bibliotheca animata).

Lebendiges Konversationslexikon (wohl zuerst bei Herm. Marggraff, Gebr. Pech 1840 I S. 50, wo damit ein vielseitig, aber oberflächlich Gebildeter bezeichnet wird).

Lumen (Sämmtl. Werke d. Wandsbecker Bothen III 1778 S. 160, wo Pythagoras „ein Lumen bey den Alten" genannt wird; vgl. C. W. J. Chrysander, Lumina academiae Juliae [Lebensbeschreibungen berühmter Helmstädter Professoren] 1746; lumen bedeutet schon bei Cicero, de officiis III 16, 66 einen berühmten Mann; im Büchmann, 21. Aufl. wird nur lumen mundi angeführt und aus Matth. 5, 14 hergeleitet, sowie aus Cicero, Catilin. III 10, 24 lumina civitatis zum Vergleich angezogen).

Mikrolog (neulat. aus dem Griechischen; für einen in Kleinigkeiten großen Gelehrten).

Outsider (engl., „Außenseiter"; aus dem Rennsport; für einen „unzünftigen" Gelehrten).

Pedant (in der 1. Hälfte des 18. Jahrh. als „Pedant" und „Pedante" auftretend, letzteres z. B. in Gf. Bj. Hanckens Gedichten II 1731 S. 95 und in Damms Übers. der Briefe Ciceros III 1747 S. 183; aus ital. pedante [nach Kluges Etymolog. Wörterb. eine stehende Figur der ital. Komödie des 16.—17. Jhrh.], franz. pédant [bei Boileau], neulat. paedanta zu griech. παιδεύειν d. i. erziehen; eine oratio de paedantismo veröffentlichte Ulrich Huber 1678 in Franecker, eine oratio de universitatibus scholasticis emendandis et paedantismo literario ex iisdem eliminando Ch. M. Pfaf 1720 in Tübingen und deutsch 1721, eine Satyra in paedantismum etc. Ch. G. v. Murr 1763 in Nürnberg; in D. F. Jani de doctoribus umbraticis commentarius, Wittenberg 1720 sind „Pedanten, Schulhasen, Schulfüchse" als Synonyma von „doctores umbratici" angeführt, die als gelehrte Stubenhocker erklärt werden; C. J. Weber sagt in seinem Demokritos XI Kap. 10: „Kein Stand zählt mehr Pedanten oder Steiflinge, wie Campe gesagt haben will, als der gute ehrliche Gelehrtenstand; daher auch in der Welt Gelehrter und Pedant so gut als Synonymen sind").

Pennlicker (niedd., = Federlecker; Synonym von Blackschiter).

Profax (Studentensprache 1846, s. Kluge; für Professor).

Provatgelernter (niedd., = Privatgelehrter).

Schafkäse (Studentensprache 17.—18. Jahrh., s. Kluge; für Baccalaureus).

Schriftgelehrter (s. Deutsches Wörterbuch).

Schulfuchs (nach Jani de doctoribus umbr. comm. zuerst von Studenten in bezug auf ein. Jenaer Professor gebraucht, als er in einem mit Fuchspelz gefütterten Mantel erschien; dies war nach Reimmanns Einleitung in die Hist. liter. der Teutschen und nach Jöchers Gelehrtenlexikon Just. Ludw. Brysomannus, eigtl. Quellmann, der 1574 bis 85 als Professor der griechisch. Sprache in Jena lebte, nach andern [s. Dunkels Nachr. v. verstorb. Gelehrten III 1760 S. 637 f.] Kaspar Arnurus, eigtl. Lämmerschwanz, der 1573—86 als Professor der Logik und Ethik ebenda lebte; doch ist niedd. „Voß" — denn etwas anderes kann „Phos" bei Roth nicht wohl sein — schon 1571 als Spottwort für einen Gelehrten gebucht, s. Kluge, Studentensprache S. 51; s. auch unt. Lehrer!).

Siebenkünstler (Rachels Satiren 1664 VI V. 412; für Magister der [sieben] freien Künste).

Stockgelehrter; Stockdummgelehrter (Glaßbrenner 1847).

Stubengelehrter (für einen gelehrten Stubenhocker).

Tintenlecker (Eckart a. a. O. S. 91; für einen einseitigen Gelehrten).

Universitätsneffe (R. H. Bartsch, Zwölf aus der Steiermark 1908 S. 43, wo es von ein. Universitätsprofessor heißt: „War kein Grundleger, kein Felsensprenger und Ringer der Wissenschaft, sondern ein ganz mäßig gescheiter Weiterbauer, wie es viele Universitätsneffen aus gutgeschulten Professorenfamilien sind").

Wißmeister (von dem sprachreinigenden Dr. Brugger, Pfarrer der deutschkathol. Gemeinde in Heidelberg, 1849 gebildete Verdeutschung für „Doktor").

Alt ist das Sprichwort „Die Gelehrten die Verkehrten"; siehe die Auslegung in der Frankfurter Sprichwörtersammlung 1548 Bl. 100a und Lehmans Florilegium Politicum auctum 1662 S. 318. Im Jahre 1584 erschien sogar ein Gedicht unter jenem Titel; über Fischarts Anteil daran s. E. Hampels Programmabhandlung, Naumburg 1903. Schon Luther (Tischreden) machte a verbo: studeo, studui, stultum, studere; und Abraham a S. Clara (Etwas für Alle 1699 S. 104) spricht von Ärzten, bei denen „Studium und Stultum in einem Gewicht seynd". Während früher „studiert" gleichbedeutend mit „hoffärtig" war (s. die Frankfurter Sprichwörtersammlung 1548 Blatt 138a), kam es im Mecklenburger Platt zu der Bedeutung: dumm, beschränkt, wie im Westfälischen Platt die Universität zu einer „Unwiesität" (unwies = unweise, verrückt) wurde (vgl. Casp. Abel, Satir. Gedichte 1714 S. 96: „Eh' er mit Unverstand nach Unverstäten zeucht").

Für den angehenden Gelehrten, den **Studenten** gibt es nicht weniger Spott- und Scherznamen:

Brot- und Butterstudent (F. A. Wolf, s. Wuttkes Jahrb. d. deutsch. Univers. 1842 II S. 86; für einen der nur das zu seinem späteren Beruf Notwendige studiert).

Bruder Studio (nach Kluge, Studentenspr. S. 9 u. 85 urspr. Bruder Studium; aber jenes schon im 17. Jahrh., s. Wuttkes Jahrb. d. deutsch. Univers. 1842 I S. 417).

Doktor.

Entenstaudrich (erweiterte Umstellung von Stud-ent; von Albrecht, Leipziger Mundart 1881 als veraltet bezeichnet).

Figant (Gaunerspr., Tetzner s. v. welsch).

Lateinischer Handwerksgesell (Zesen und Grimmelshausens Simplicissim.).

Mappenjunge (Göttingen).

Musensohn (seit 1678, s. Kluge, Studentensprache S. 8 u. 108; 1727—1822 auch Muse, s. ebenda; „gelehrte Musen-Kinder" soll schon F. Taubmann [† 1613] gebraucht haben, s. Taubmanniana 1737 S. 189; vgl. „Musensitz" für Universitätsstadt; — auch für einen Schauspieler).

Stipendienbruder (Göttingen).

Studierknecht (Frisch 1741 II 351, der das Narrenschiff zitiert).

Studiker (so nennen z. B. in Bonn die Borussen einen Nichtkorpsstudenten).

Weitere Ausdrücke für „Student“ siehe bei Kluge, Studentensprache! Einen, der auf Universitäten nichts gelernt hat, will Abel a. a. O. S. 136 statt „Studente“ lieber „Südente . . . Saurüssel auf gut deutsch“ nennen. Man sagt wohl, daß ein solcher den Namen studiosus — a non studendo führe (wie lucus — a non lucendo und canis — a non canendo). Nach C. J. Weber, Demokritos I Kap. 10 gibt es aber „mehr Studenten als Studirte, und mehr Studirte als Studirende“.

Gendarm:

August u. zwar mit dem Zusatz: blanker, auch: gelber od. weißer (Kundensprache, Günther S. 83; die beid. letzten Zusätze je nachdem er gelb. oder weißes Riemenzeug trägt).

August mit der Latte (Kundenspr., bei Ostwald; „Latte“ s. v. w. Gewehr).

Benga (Gaunersprache, bei Ostwald).

Blankhut (Kundensprache, bei Ostwald).

Blaukragen (Gaunerspr., Günther S. 64).

Blechkappe, Blechkopp, Blechreiter (Kundensprache, bei Ostwald; letzteres für den berittenen G.).

Blitzableiter (Gaunersprache, Günther S. 75 Anm. 79).

Boser-Jsch (jüdische Übersetzung von „Fleischmann“, s. da).

Deckel = Teckel („Deckel“ auch Spitzname der „Schlettstädter Zeitung“, des elsässischen Regierungsorgans).

Federhändler (Kundensprache, bei Ostwald; für den österreich. G., als er noch den Federhut trug).

Filzbruder (Kundenspr., bei Ostwald; für einen Gendarm der eine körperliche Untersuchung vornimmt).

Fleischmann (Gaunerspr. 1. Hälfte des 18. Jahrh., bei Kluge, Rotwelsch S. 194 u. 205; nach Riedels „Wörterbuch von St. Georgen am See“ 1750 hieß so ein Leutnant, der in der Umgegend von Frankfurt a. M. und Darmstadt die Räuber und Diebe verfolgte und schließlich von ihnen massakriert wurde, s. Günther S. 87).

Fußlatscher (Kundenspr., bei Ostwald; „latschen“ d. i. schleppend gehen; für Fußgendarm).

Gänsedarm (volksetymologisch; — umgekehrt sagt der Berliner „Schandarmerie“ für „Gedärme“).

Holl uns fast (Neuvorpommern, s. Wossidlo, Imperativ. Bildungen im Niederd. 1890 Nr. 263 e; = Halt uns fest).

Huscher, Huschken (Kundensprache, bei Ostwald; eigtl. = Husar).

Klempners Karl (Kundensprache; nach Günther S. 83 vielleicht eigtl. „Kerl der die Gauner in die Klemms [d. i. das Gefängnis, zu mhd. klemmen s. v. w. einzwängen] abführt").

Klister (Kundensprache, bei Ostwald).

Landdragoner (Kundensprache, bei Ostwald).

Lattenseppel (Kundensprache, Günther S. 83 und Ostwald; „Latte" s. v. w. Gewehr; „Seppel" oberd. für „Joseph").

Lederzeug u. zwar mit d. Zusatz: schwarzes od. weißes (Gaunersprache, Günther S. 75 Anm. 79).

Medinespecht (Gaunersprache, bei Ostwald; hebr. מְדִינָה d. i. Provinz, Land).

Pickelfritz (Kundensprache, bei Ostwald).

Pickelhaube (Kundensprache, Günther S. 75 Anm. 79).

Schandarm (so schrieb Alban Stolz [† 1883]; vgl. C. J. Weber [† 1832], Demokritos XII Kap. 1: „So übersetzte ein Armer, der natürlich wenig Französisch verstand, Gens d'armes: Schande der Armen").

Schändling (Sprache der Winterfeld. Hausierer) = Schindling).

Schandor (niederd., Mecklenburg; mit gedanklicher Anlehnung an „schandiren" d. i. schimpfen).

Schienum (Kundensprache, bei Ostwald; s. Schien unter Gefangenwärter).

Schieß (Kundenspr., bei Ostwald).

Schindling (Kundenspr.; nach Günther S. 62 Anm. zu „Schien", s. unter Gefangenwärter).

Schindollet (Gaunerspr.; nach Günther S. 44 aus „Schin" und „Dollet", den jüdischen Benennungen der Anfangsbuchstab. der beiden Silben des Wortes „**Sch**an**d**arm", vgl. Schien(er) unter Gefangenwärter).

Schroter (Kundenspr., bei Ostwald; zu „schroten" d. i. hauen).

Schucker (Gaunersprache; aus hebr. שׁוּק d. i. Straße?; es könnte auch niederd. „schucken" zugrunde liegen, das nach Schambachs Göttingisch-Grubenhagenschem Idiotikon 1858 S. 320 die Bewegungen dessen, der Ungeziefer an seinem Leibe verspürt, bezeichnet).

Spinatwächter (Gaunersprache, bei Ostwald; süddeutsch).

Spitzhaube (Österreich; Horn, Soldatenspr. S. 122).

Spitzkapp, der (Eifel; Emmi Elert, Auf vulkanischer Erde 1903).

Spitzkopp (Kundenspr., b. Ostwald).

Teckel (Gaunersprache, Günther S. 68; eigtl. der Dachshund).

Tyrannenknecht.

Vogel Strauß (Gaunerspr. 1840 bei Kluge, Rotwelsch S. 371; s. Günther S. 68 Anm.).

Zänker (Kundenspr., bei Ostwald; zu „Zank“ s. v. w. Polizei).

Zarucker (früher in Berlin; nach dem Richtig. Berliner weil sie bei vielen Gelegenheiten „Zaruck!“ riefen).

Siehe auch unter Gefangenwärter und unter Polizist!

Gerber:

Fellnepper und Schotte (Krünitz, Oeconomische Encyclopädie Bd. XXI 1780 S. 517 Anm.; für einen unzünftigen Weißgerber; eigtl. betrügerischer umherziehender Fellhändler, meist Ausländer, s. Beiers Handwercks-Lex. S. 120 bzw. 382).

Grauder, Grauter (wohl nur mundartlich statt „Krauter“, s. da).

Hor-, Näs- un Urenaffschnider (niederd., Mecklenburg, bei F. Latendorf, Zu Lauremberg's Scherzgedichten 1875 S. 11).

Kattenfiller (s. unter Fleischer).

Krauter (so wurden in Thüringen die Lohgerber aus Nördlingen gescholten, nach Adr. Beiers Handwercks-Lexicon 1722 s. v. Grauter weil sie auch auf Weißgar lernten, nach ebendemselben s. v. Krauter weil sie die Lohe nicht rein ließen, sondern Kraut [s. v. w. Schmack, rhus coriaria] darunter mischten; — auch für ein. pfuscherischen Wagner; s. auch unter Handwerker i. allg. a).

Krautschneider (nach Beiers Handwercks-Lex. S. 230 unter Lohgerbern eine Schelte, welche „die von zweyjähriger Lehre denen, so vier Jahre in der Lehre stehen, beylegen“).

Schaf s. Schelm unter Handwerker i. alg. a.

Schotte s. Fellnepper.

Schuh-Hofs-Gerber (früher in Hamburg, Beiers Handwercks-Lex. S. 386 f., für den bei einem Schuhmacher in Arbeit stehenden Gerbergesellen; ein solcher wurde „in seinem Gerber-Handwercke sehr hart angesehen“).

Gerichtsvollzieher:

Vetter des Scharfrichters (Eduard Reich).

Getreidehändler:

Böhnhase (s. unter Handwerker i. allg. a; für einen nicht zur Korporation gehörigen Getreidemakler in Stettin).

Kornjude (17.—18. Jhrh.), Kornkipper (Wekhrlin, Das graue Ungeheuer 1785), Kornwurm (N. Chytraeus 1597 bei Frisch S. 539; Fons Latinitatis 1653 p. 41).

Schinder (Hübners Handlungslex. 1755 Sp. 1501).

Schindfessel (Fons Latinitatis l. c.).

Glaser:

Kittengel (Berlin).

Kittmichel (niederd., Mecklenburg, bei F. Latendorf, Zu Lauremberg's Scherzgedichten 1875 S. 11).

Kittschiter (niedd., Münster in Westf.).

Lichtmacher (Borstel, Unter Gaunern S. 7).

Rahmenfritze (Berlin; Tovote, Hilde Vangerow 1906; für einen Glaser der Bilder einrahmt).

Scherblinghengst (Gaunersprache, Günther S. 69).

Verbreitet ist die urspr. Berliner Redensart: „Is denn Ihr Vater Glaser?", wenn einer im Lichte steht. Vgl. Glaßbrenner: „Ick bin Glaser, mir können Se durch un durch sehen."

Goldschmied:

Fuchsfetzer (Gaunerspr.; „Fuchs" s. v. w. Gold; „Fetzer" zu lat. facere d. i. machen, bearbeiten).

Fuchsschinägler (Gaunersprache, Günther S. 44 f.; „Schinägler" d. i. Arbeiter zu „Schin-agole" d. i. Schubkarren).

Jubilierer (16.—18. Jh., = Juwelier).

Klaismelochner (Gaunersprache, bei Ostwald; „Klais" d. i. Silber, zu „gleißen"?; „Melochner" zu hebr. מְלָאכָה d. i. Arbeit).

Klaismingen (Gaunersprache, bei Ostwald; s. d. vorige; für Silberarbeiter).

Lieppelsliäger (niedd., Münster in Westf.; = Löffelschläger, also eigtl. der Silberarbeiter).

Soffmelochner (Kundensprache, bei Ostwald; „Soff" s. v. w. Gold).

Zitronenschleifer (Kundensprache, bei Ostwald).

Über die stark abweisende Redensart „wie Goldschmieds Junge denken" siehe Carl Müller in der „Zeitschrift für hochdeutsche Mundarten" IV S. 8 f. und meine Zusätze ebenda V S. 20, sowie Johs. Bolte in der „Zeitschrift für Deutsche Wortforschung" XI S. 302 f. Vgl. noch: „Goldschmied' sind Herren, wenn sie gleich keinen Heller im Beutel haben" (Eckart, Stand u. Beruf im Volksmund S. 202). Auch des Goldschmieds Töchterlein weist im Volksliede die reichsten Freier ab, bis endlich der rechte kommt.

Graveur:

Pollenpflanzer (Kunsprache, bei Ostwald; „Siegelmacher").

Uthstecker (niedd., N. Chytraeus 1597 bei Frisch S. 363 s. v. Grauer; = Ausstecher).

Zinkenpflanzer (Kundensprache, bei Ostwald; „Stempelmacher").

Handlungsreisender:

Klinkenputzer (für einen H., der die kleine Kundschaft in der Stadt besucht; vgl. die Ausdrücke der Kundensprache „Klinken putzen", für „fechten, betteln", und „Türklinkenputzer").

Musterkartenreuter (Just. Kerner, Die Reiseschatten 1811 II 8; s. das folgende).

Musterreiter (Platen, s. Deutsches Wörterb.; danach statt „Musterreisender" d. h. der mit Mustern reist).

Probenreiter (früher d. übliche Berufsbezeichnung, angeblich weil sie zu Pferde reisten, s. aber das vorige).

Reiseonkel.

Seine Majestät der Reisende (Titel eines Buches von Moritz Loeb 1905).

Sucher (nach Günther S. 28 aus „Socher" — s. unter Kaufmann! — mit Anlehnung an „suchen", näml. die Kunden).

Handschuhmacher:

Handschuster (Berlin).

Die in verächtlichem Sinne angewandte Redensart „Gevatter Schneider und Handschuhmacher" stammt aus „Wallensteins Lager" von Schiller, 10. Auftritt.

Glaßbrenner gibt folgende Definition des Handschuhmachers: „Der Mann macht lange Finger un dreibt en ehrliches un ledernes Handwerk."

Handwerker im allgemeinen:

a. Meister.

Alte, der.

Baas (Kundensprache, bei Ostwald; aus dem Niederdeutschen; „Herr").

Bastler (oberd.; vgl. Besteler unter Schneider; für einen untüchtigen Handwerker).

Böhnhase (nicht aus griech.-lat. banausus d. i. gemeiner Handwerker, sondern nach Adr. Beier, Der Meister, 2. A. 1692 S. 170 aus niedd. „Bæhn" = Bühne, Hausboden und „Hase"; auch im Dänischen (bønhas) und im Schwedischen (bönhas); nach Kluge, Etymolog. Wörterb. ist „Böhnhase" im Oldenburgischen Name der Katze und schon 1568 für den unzünftigen Schneider gebraucht, der wie jene heimlich in den Bodenräumen hauste und den die zünftigen Meister verfolgen durften: „Böhnhasen jagen"; dann übh. für einen unzünftigen Handwerker: „Unde etiam vocant ein beschlossen Ampt: et qui non recepti ibidem clam artem exercent, vocantur Böhnhasen, Stöhrer" [Adr. Beieri De jure prohibendi. . ., von der Zünffte Zwang, ed. II. 1687 p. 58]; vgl. auch Jo. Volkm. Bechmann, De opificibus et litterariis clancularriis, seu Bönhasen, Jenae 1683).

Brotdieb (Adrian Beiers Handwercks-Lexicon 1722 S. 71; für einen der die Nahrung anderer Meister zu schmälern sich unterfing, z. B. für einen Bader, der, nachdem er seine Stube verkauft hatte, von der Obrigkeit die

Erlaubnis auswirkte, ein Bad ohne Stube zu halten, und danach sein Gewerbe weiter betrieb; diese Schelte wurde 1697 als Injurie bestraft).

Bruddler (niedd.; für ein. untüchtigen Handwerker).

Dachstubenkrauter (Kundensprache, bei Ostwald; s. Krauter; für einen der ohne Gesellen arbeitet).

Dalleskrauter (Kundensprache; zu hebr. דַּלָּה d. i. Armseligkeit, vgl. Dallesbude d. i. armselige Werkstätte; s. Krauter; für einen schlechten Meister).

Erlat (Vocabular. des Liber Vagatorum 1512—16 [Weimar. Jahrb. IV S. 96]; nach F. Schwally bei Horn, Soldatenspr. S. 26 eigtl. „Vorhäutiger, Unbeschnittener" zu hebr. עָרְלָה, st. constr. עָרְלַת, d. i. Vorhaut).

Freimeister (Adr. Beiers Handwercks-Lexicon 1722 S. 130: „Pflegen die zünfftige Meister diejenige zu heissen, welche in die Zunfft entweder gar nicht, oder doch sehr eingeschränckter massen, auf Obrigkeitlichen Befehl eingenommen werden müssen . . . Dergleichen Frey-Meister giebt es gemeiniglich in Stiffts-Städten, so entweder auf denen so genannten Mundaten [s. Mundater], oder auch in der Stadt, doch in Frey-Häusern wohnen. . . . Und hieher ziehe ich die bekannten Frey-Schmiede, Frey-Schneider, und dergleichen . . ."; ebenda S. 16 werden noch „Frey-Schuster" erwähnt).

Fretter (keineswegs aus „Verräter", wie Adr. Beier, Der Meister, 2. A. 1692 S. 170 meint, sondern zu „fretten", mhd. vretten d. i. wund reiben, frühhochd. fretten d. i. (sich ab)quälen, (sich ab)hasten [s. Frisch S. 291 f.]; so heißt es noch bei Abraham a S. Clara, Etwas für Alle 1699 S. 327 von einem Buchbinder: „Zuweilen findet man einen so sauberen Bruder, so nur ein halbes Jahr beym Handwerck gewest, der fangt an für sich selbst zu stechen und fretten"; besonders für den unzünftigen Färber und als „Schneiderfretter" für den unzünftigen Schneider).

Gnadenmeister (Adrian Beiers Handwercks-Lexicon 1722 S. 161 u. 338, wo es heißt: „Die zünfftige Meister sehen endlich nicht ungerne, wenn jemand bey ihnen um das Meister-Recht anwirbet: Er muß aber einen vollen Beutel mitbringen. Unterstehet sich einer, bey Gnädigster Landes-Herrschafft so fern eine Gnade auszuwürcken, der wird gewiß der Zunfft Ungnade in vielen Stücken empfinden, beydes im Nahmen, daß er ein Gnaden-Meister heissen muß, als auch in der That selbst, daß sie die Lade vor ihm vorbey tragen, und zum Ober-Meister nicht wählen werden. Ja, als einsten ein Fürstl. [Sächsisches] Rescript an den Stadt-Rath [zu Jena] einkam, das Handwerck dahin zu bedeuten, daß sie Supplicanten gegen einen leidlichen Recompens einnähmen, bekam er den Nahmen Recompens-Meister davon").

Hudler (zu mhd. hudel = hader s. v. w. zerrissenes Stück Zeug, Lumpen, Lappen; also eigtl. einer der hastig, flüchtig arbeitet; im Fons Latinitatis 1653 p. 334 wird Ita nequam es übersetzt durch: „ein solcher Hudler bist du"; nach Frisch 1741 „bey den Handwerkern ein Hümpler, Stümper"; auch engl. huddler u. tschech. hudlař für einen untüchtigen Handwerker; „Hudler" besonders für den nichtgelernten Buchdrucker).

Hümpler, auch Himpler (mhd. hümpeler u. niedd. [Schambach, Göttingisch-Grubenhagensches Idiotikon 1858] hümpelær eigtl. einer der langsam arbeitet, zu niedd. humpeln d. i. wie hinkend gehen; Luther, Spr. Salomonis 26 V. 10: „Ein guter Meister macht ein Ding recht, wer aber einen Hümpler dinget, dem wirds verderbet"; Fons Latinitatis 1653 p. 204: „nundinalis ... der in neun Tagen einmal etwas zu arbeiten kriegt, ein Hümpler"; Adr. Beier, Vom Handwercks-Zeuge 1691 S. 48 führt das Sprichwort an: „Die grösten Himpler machen die meisten Spähne", wonach mit dem Worte besonders der untüchtige Zimmermann [siehe darunter] bezeichnet worden zu sein scheint; in desselben Schrift De domesticis opificum 1695 p. 23 wird es aber allgemein durch ineptus Magister erklärt, welche Bedeutung es schon im Mhd. zeigt und auch magyar. hímpellér hat; noch Albrecht führt in der Leipziger Mundart 1881 „Hümpler, ungeschickter Arbeiter" auf).

Kober (Kundensprache, bei Ostwald; zu mhd. koberen s. v. w. gewinnen, erwerben).

Korbbruder (Adrian Beiers Handwercks-Lexicon 1722 S. 226: „Das Wort Korb hat eben so einen erfreulichen Verstand nicht, indem man von einen jeden so um etwas geworben, aber abschlägige Antwort kriegt, zu sagen pflegt, er sey durch den Korb gefallen, hab den Korb kriegt. Und von deme, so allen nachgesetzt worden, daß er den Korb tragen müsse, wie bey denen Current-Schülern, der die Butte trägt, nicht voran gehet. Nicht viel annehmlichern Verstand hat es, da jemand in einer Zunfft vor einen Korb-Bruder gehalten und genennet wird. Bey denen Handwercken kan einer durch Heyrathen in eine Zunfft gedeyen. Welches einerwegen auch unter den Kauff-Leuten bräuchlich. Wie dann ein gewisser Seiden-Händler in Magdeburg die Innung der Gewand-Schneider erheyrathet hatte, und krafft des zu dieser hohe Morgen-Sprachen [d. i. zu der Hauptversammlung der Gewandschneider] mit gefodert wurde. Als er sich aber von denen Seiden-Händlern zum Ober-Meister erwehlen lassen, haben jene gar aus unbekanten Ursachen ihn weiter nicht in ihrer Innung auf die hohe Morgen-Sprache gefodert, und als einen Korb-Bruder, gleich andern gehalten").

K r a u t e r (Kundensprache, s. Meister übh.; nach dem Deutschen Wörterbuche, wo als Grundbedeutung „Kostgeber" — zu „Kraut" s. v. w. Gericht, Speise — vermutet wird, dann besonders für einen Meister der bei einem andern Meister als Geselle arbeitet und für einen Handwerker v. Lande der in die Stadt arbeitet; — „alter Krauter" für einen alten Mann, der nur noch wenig und langsam arbeiten kann; s. auch d. folgende und unter Gerber!).

K r a u t m e i st e r (Adr. Beier, Advocatus rerum opificalium peritus, ed. II. 1707 p. 87; die Schimpfrede: „Es sind lauter K. allhier" wurde von den Hutmachern an einem ihrer Gesellen 1659 mit einer Geldstrafe geahndet).

K r ü p p e l s ch ü tz (Kundensprache, bei Ostwald S. 90 oben; für einen armen Meister; vgl. Schütz).

M o ck e l (Kundensprache, bei Ostwald; wohl hebr. מָקְלֶה d. i. einer der geringgeschätzt wird, part. Hofal von קָלָה; für einen kleinen Meister).

M u n d a t e r (Adrian Beiers Handwercks-Lexicon 1722 S. 302: „... Handwercker, so, weil sie in einer Bischofflichen Stadt nicht unterkommen können, sich uf des Thum-Capituls Freyheit [„Mundat", mhd. mundâte] niederlassen, und dennoch das Handwerck ausser der Stadt-Innung treiben ..."; vgl. Freimeister).

O f e n g a b e l - M e i st e r (Adr. Beier, Advocatus rer. opif. per., ed. II. 1707 p. 78; für einen der seine Leute roh behandelt).

P f u s ch e r (zuerst bei Mathesius 1586, s. Kluges Etymolog. Wörterb. 7. Aufl.; neben „Stöhrer" in einer fürstl. sächs. Verordnung zugunst. der Jenaer Schneider vom Jahre 1675 bei Adrian Beier, Der Meister, 2. A. 1692 S. 200; ebenda S. 170 sowie im Handwercks-Lexicon 1722 S. 324 u. 417 wird das Wort von „Pfüschgen, denen ungerathenen Kraut-Häuptern" abgeleitet; es ist aber wohl auf niedd. „buschen" für „unzünftig [eigtl.: im Busche, d. h. heimlich] arbeiten" zurückzuführen, s. Kluge a. a. O.; „Pfuscher aufheben" = Böhnhasen jagen, turbatores visitando indagare, Adr. Beier, Advocatus rer. opif. peritus, ed. II. 1707 p. 441; „Pfuscher" war ursprünglich nicht gleichbedeutend mit „untüchtiger Meister", wie Adr. Beier im Handwercks-Lex. S. 457 auseinandersetzt: „Es kan einer seines Orts ein tüchtiger und ehrlicher Meister seyn, der, wenn er ausläufft und dortgesessenen Meistern in ihr Handwerck stöhret, ein Pfuscher gehalten und geheissen wird. Tüchtig und Untüchtig wird der Kunst nach also gesagt, Pfuscher aber der Gerechtsame nach", vgl. auch Der Meister S. 171 f.; später hießen Pfuscher, nach Krünitz, Encyklopädie XXI 1780 S. 516 f., diejenigen, „welche ein Handwerk ausüben, ohne es auf die gehörige Art erlernet, oder ohne das Meisterrecht auf die gehörige Art erlangt zu haben; ... wiewohl auch manchmahl zünftige Meister, wenn sie mit ihren Arbeiten oder Waaren wohlfeiler sind, als die obrigkeitliche Taxe bestimmet, spottweise von ihren Mitmeistern mit dem Nahmen eines Pfuschers beleget werden").

Recompensmeister (franz. récompense d. i. kleine Vergütung) s. Gnadenmeister a. E.

Schelm (Adr. Beiers Handwercks-Lexicon 1722 S. 366: „... mag ein Handwercks-Mann ichtwas denen Handwercks-Rechten zuwider thun, wird er von ihnen [den Gesellen] vor einen Schelm gescholten, ob er im übrigen sich noch so untadelhafft ufgeführet: Schelten am Handwercke. Sie erklären sich aber, daß er nur so fern, als es das Handwerck angehet, gescholten sey. Daher auch wenn es zum güthlichen Vergleich kömmet, sie kein Bedencken nehmen, ihn vor einen ehrlichen Mann zu erkennen und mit Darreichung der Hand zu erklären, bey deren Zurückziehung aber mit dem Zusatz: Aber vor keinen ehrlichen Meister. Denn dieses ziehen sie vor das Handwerck"; ausführlicher bei Adr. Beier, De conviciis opificum, Vom Schelten der Handwercker 1689, wo auch S. 69 die Rede ist von der Handwerksbeteurung: „Du solst mich vor einen Schelm schelten, wo ich diß oder jenes thue, oder nicht thue, will ich ein Schelm meines Handwercks seyn"; das Wort bedeutet eigtl. s. v. w. Aas, toter Körper, dann auch Scharfrichter; nach Beiers Handwercks-Lexicon S. 361 sagen die Weißgerber dafür „Schaf").

Schreckenberger-Meister (Adrian Beiers Handwercks-Lexicon 1722 S. 161 s. v. Gnaden-Meister a. E.: „... Und entstunde 1678 zwischen Tobias Zeumer und Tobias Grellmann ein ärgerlich Gezänck, da einer dem andern vorwarff: Daß er dem Handwercke kaum vier Groschen zugewandt. Sagte der andere druff: Was dann er wol wäre? Ein Schreckenberger-Meister"; „Schreckenberger" hieß eine sächsische Silbermünze im Werte von 3½—4 Groschen).

Schuster (nordd.; für einen untüchtigen Handwerker).

Schütz (Basel, bei Albrecht, Leipziger Mundart 1881; vgl. Krüppelschütz).

Selbmeister, niedd. Sülfmeister (Faust, Lübeckische Chronik, Anhang Sp. 263, bei Frisch II 262, der erklärt: „ein Handwerks-Gesell, der als Meister arbeiten will und nicht dazu gemacht ist, ein Pfuscher"; vgl. Jul. Wolff, Der Sülfmeister, e. alte Stadtgeschichte 1883).

Störer (mhd. stœrære; Lehmans Florilegium Politicum auctum 1662 S. 394: „Wer ein Handwerck nicht gelernet oder drauff gewandert hat, der solls nicht treiben, jedoch so er kein Meister gibt, so gibt er doch ein Störer, vnd weiß vmbs Meisterstück nichts"; neben „Pfuscher" in der Verordnung zugunsten der Jenaer Schneider vom J. 1675 bei Adr. Beier, Der Meister, 2. A. 1692 S. 200; als gleichbedeutend mit „Böhnhasen" im allgemeinen Sinne bei demselben, De jure prohibendi..., von der Zünffte Zwang, ed. II. 1687, p. 58; lateinisch am besten wiederzugeben durch turbatores nach Beier, Der Meister S. 169 und erklärt in dessen Handwercks-Lex. 1722 S. 417 durch: „so in ein fremdes Amt greiffen... sonst auch Pfuscher genannt", wie ebenda S. 457 von dem Pfuscher gesagt wird, daß er „Meistern in ihr Handwerck stöhret"; besonders, ebenso wie Böhnhasen, für „die Schneider, so an einem Orte das Meister-Recht nicht gewonnen und dennoch auf ihre eigene Hand vor Meister arbeiten", ebenda S. 378, vgl. Der Meister S. 199 [„daß die Schneider einen Stöhrer die Nehnadel durch den Daumen schlagen"] u. S. 210; sie arbeiteten meistens außer ihrem Hause, in den Häusern der Kunden, vgl. Frisch II 340, der sich auf Pictorius [1561] bezieht u. „auf die Stör gehen" erklärt durch: praestare operam extradomesticam).

Stückmeister (Adrian Beiers Handwercks-Lexicon 1722 S. 424: „... könte es von solchen weitläufftigen Handwercken verstanden werden, da kein Meister das gantze Werck verbringen mag, und immer einer dem andern in die Hand arbeiten muß, als bey denen Wollwebern die Kammer, Spinner, Weber, Färber, Tuchscheerer, denn so gar auch die Kammer sich nicht lediglich vor Gesellen brauchen lassen. Ingleichen die Klingen-Schmiede, Beschaler, Taschen-Messermacher, Schleiffer... Es wird auch als ein Stichel-Wort einem vorgeworffen. Als einem Andreas Alberten vorgerückt wurde: Er sey ein zehen Thaler-Meister: Versätzte er darwieder: Wäre er doch kein Gnaden-Meister, noch ein Stück-Meister: sondern er hätte zehen Thaler vor ein Stück dem Handwercke gegeben, solches sey ihme nicht zu Schimpff, sondern zur Wahrheit nachgeredet worden, wurde solchem nach die Sach den 15. Martii 1693. an die Stadt-Gerichte gewiesen. Gar wohl aber kan es als ein Mittelwort gebrauchet werden, wenn ein Handwercker aus Unvermögen sich nicht verlegen [d. h. für sich die Geldauslagen nicht machen] könte, gleichwohl die Meisterschafft nicht niederlegen und vor Gesellen bey andern Meistern einsitzen wolte, wenn er von andern Meistern Arbeit annehme und es Stückweise verlohnen lassen wolte... Als auch obgedacht diejenige Meister, in deren Werckstätten die Muthende [d. i. die sich um die Meisterschaft beworben haben] zu Verfertigung der Meisterstück gewiesen sind, Stück-Meister genennet zu werden pflegen, habe aus deren Schlösser zu Halle Acten... A. 1702. wahrgenommen...").

Stümper, früher Stümpler, auch Stimpler (zu niedd. „Stump" = Stumpf, s. Kluges Etymolog. Wörterb.; „Hümpler und Stümpler" schon bei Luther; „Stümpler" bei Ch. Besoldus [† 1638], Thesaurus practicus, zitiert von Adr. Beier, Der Handwercks-Gesell, 2. A. 1717 S. 72, und bei Krünitz, Encyklopädie XXI 1780 S. 516; „Stimpler" in Hübners Gewerck- und Handlungs-Lexicon 1755 [zuerst 1712] s. v. Böhnhasen, wo es diesen, den Pfuschern und den Stöhrern gleichgesetzt wird; übrigens für einen untüchtig. Handw.).

Zehntaler-Meister s. Stückmeister.

b. Gesellen.

Freigast (Adrian Beiers Handwercks-Lexicon 1722 S. 17; für den bei einem Freimeister [siehe oben] in Arbeit stehenden Gesellen, der als „Fremder" angesehen wurde).

Gernmeister (Frisch 1741 S. 343: „G. wird bey den Handwerks-Leuten von einem Gesellen gesagt, der gern Meister seyn wollte"; scherzhaft).

Gnote, Knote (Studentensprache, nach Kluge 1781-1841 gebucht und noch 1862 in der deutschen Burschensprache gebräuchlich; aus niedd. genôte = Genosse, s. Kluges Etymolog. Wörterb.).

Knüppel (Studentenspr., nach Kluge 1781 gebucht).

Die Mitglieder der Deutschen Gewerkvereine werden „Hirsche" nach ihrem Mitbegründer Max Hirsch von den Sozialdemokraten gescholten.

Gesellen auf der Wanderschaft (reisende Handwerksburschen).

Achelpeter (Kundenspr., bei Ostwald, u. Günther S. 82; für einen, der arbeitsunfähig ist und nur noch „essen" [hebr. אָכַל] kann).

Äffchen (Kundensprache, bei Ostwald; für einen, der gut gekleidet ist).

Ballertbruder, -granate (Kundensprache, bei Ostwald; „Ballert" d. i. Wald, wohl zu niedd. „ballern" d. i. knallen, also eigtl. der Ort wo auf Wild geschossen wird, vgl. auch die „Ballerbüchse" der Kinder; für einen, der sich nur in „waldiger" Gegend, z. B. im Thüringer Walde, aufhält).

Berg- und Talversetzer (Kundensprache, bei Ostwald; für einen der sein Handwerk verlernt hat, es nicht mehr ausübt, arbeitsscheu ist; — dafür bei demselben noch folgende Ausdrücke: Chausseegrabentapezierer, Drescher, Himmelsfechter, Kaffer [s. unter Landmann], Kirschenpflücker im Winter, Knecht, Läppchen, Leichenwagenbremser, Luftschiffbremser, Luft- und Dichtmacher, Mühlsteinschleifer, Schlangengreifer Schneeschipper im Sommer, Türklinkenputzer, Turmspitzenvergolder, Wolkenschieber, Ziegel- und Landstreicher, Zitronenschleifer).

Bienenzüchter (Kundensprache, bei Ostwald; für einen, der mit „Ungeziefer" behaftet ist).

Bruder Straubinger (nach der Stadt Straubing in Niederbayern; auch Titel einer Operette von Eysler).

Chausseehase (Kundensprache, bei Ostwald; für einen, der zum erstenmal auf der Wanderschaft ist).

Fechter (Kundensprache, bei Ostwald; für einen, der bettelt).

Fierburß (niedd., Mecklenburg), Feiergesell (Adr. Beiers Handwercks-Lexicon 1722 S. 148: „Feyer-Gesellen. Denen die Meister Abschied geben, oder ihrer Nothdurfft halber selbst abtreten müssen, und auf die Herberge gangen und daselbst liegen und zehren"; was unter „Nothdurfft" zu verstehen ist, geht aus folgenden Worten S. 122 ebendort, wo „Feuer-Gesellen" geschrieben ist, hervor: „...wenn ein Gesell seine Kleidung auszubessern, oder gantz neue zu verfertigen, so in des Meisters Werckstatt nicht zuläßig, aufstehet.

gleichsam aus der Arbeit tritt, auf die Herberge gehet, daselbst seine Arbeit verrichtet und um sein Geld zehret, auch wohl gar seinem Mit-Gesellen, so um gleicher Angelegenheit daselbst befindlich, mit an Hand gehet, so ihm vor keine Pfuscherey mag ausgedeutet werden"; „Feiergesell" besonders für den feiernden Schneider, „Fierburß" besonders für den reisenden Müller).

Kadett (Kundensprache, bei Ostwald; für einen, der noch jung ist).

Kommandobruder, -schieber (Kundensprache, bei Ostwald; für einen, der von einer Herberge aus die Umgegend abbettelt).

Kunde.

Linkmichel (Kundenspr., bei Ostwald, u. Günther S. 82; für einen noch ungeschickten Neuling).

Pennbruder (Kundensprache; „Penne" s. v. w. Herberge, wohl zu neuhebr. פָּנָה s. v. w. müßig sein; eigtl. für den in einer Stadt auf der Herberge Liegenden).

Schwarzfahrer (Kundensprache, bei Ostwald, u. Günther S. 18 Anm.; für einen, der keine Legitimationspapiere besitzt).

Sonnenbruder (Kundensprache).

Speckjäger (Kundenspr., bei Ostwald, u. Günther S. 19 Anm.; für einen alten Nahrungsmittelbettler mit festem Revier).

Stromer (mhd. strômer zu strômen = strömen, hin und her fahren).

Tappenreiter (Kundensprache, bei Ostwald; für einen, der auf „Orts- und Meistergeschenke" reist).

Tippelbruder (Kundensprache, bei Ostwald; für einen, der mehr wandert als arbeitet).

Totesser (Kundensprache, bei Ostwald, u. Günther S. 82; für einen, der arbeitsunfähig ist).

Walzbruder (Kundenspr., bei Ostwald; „Walze" s. v. w. Wanderschaft).

Wilder (Kundensprache, bei Ostwald; für einen, der auf ein anderes Geschäft reist, z. B. für einen Schneider der sich für einen Fleischer ausgibt).

c. Lehrlinge.

Fiest (Der Richtige Berliner 6. A. 1904 S. 37; eigtl. Furz, wie in „Du kleiner Kniefurtz" [Taubmanns Plautus-Ausgabe 1612 S. 272]; bes. in der Zusammensetzung „Tepperfiest" für einen Töpferlehrling).

Jude (Adr. Beiers Handwercks-Lexicon 1722 S. 202; für einen, der zwar ausgelernt hat, aber noch nicht feierlich durch die sogen. Taufe unter die Gesellen aufgenommen worden ist).

Kuhschwanz (Adr. Beiers

Handwercks-Lexicon 1722 S. 234 u. Frisch 1741 S. 554; für einen Lehrling kurz vor seiner Aufnahme unter die Gesellen, die jenen dazu durch allerlei Zwangsmittel [„Kuhschlüssel" bei Beier und Frisch, nach ersterem unter den Tischlern] antreiben, besonders für einen solchen Tischlerlehrling [Weimarisches Jahrbuch IV 1856 S. 293]).

Melochestift und bloß Stift (ersteres Gaunersprache, Günther S. 27 vgl. 97; hebr. מְלָאכָה d. i. Handwerk; Stift s. unter Kaufmann).

Hausierer:

Bandjud' (niedd., Mecklenburg), Bännelj idd (vorderpfälzische Mundart) (eigtl. für einen mit Bändern hausierenden Juden, dann ohne Rücksicht auf den Glauben).

Fliegender (näml. Händler, bes. Wursthändler; in Berlin ruft man ihm „Hottehü" d. i. Pferd nach, weil seine Würste meist aus Pferdefleisch gemacht sind).

Jadschacherer, Jadschocher (Gaunersprache, bei Ostwald; hebr. יָד d. i. Hand; „Schacherer" [„Jadscherer" bei Ostwald scheint Druckfehler zu sein] u. „Schocher" zu סָחַר d. i. umherziehen; — beide auch s. v. w. Brecheisen, s. Günther S. 76).

Jhahahimmel (Kundensprache, bei Ostwald; für einen Pferdewursthändler).

Kastenkehrl (niedd., Eilsdorf bei Halberstadt, s. Jahrb. d. V. f. niedd. Sprachforschg. 1908 S. 70).

Kauderer (im tirolischen Unterinntal für einen Hausierer, in der Gegend von Ulm für einen Werghändler, s. Kluges Etymol. Wörterbuch s. v. kauderwelsch; eigtl. Hausierer mit Korduanleder? vgl. mhd. kuderwân = kurdewân und Adr. Beier, Advocatus rerum opificalium peritus, ed. II. 1707 p. 185).

Medinegeier (Gaunersprache, Günther S. 73 Anm.; hebr. מְדִינָה d. i. Provinz, Land; „Geier" = Geher? vgl. niedd. „hei geiht"; für einen Landhausierer).

Mokumgeier (Gaunersprache, Günther S. 73 Anm.; hebr. מָקוֹם d. i. Ort, Stadt; „Geier" s. d. vorige; für einen Stadthausierer).

Ponatschke (Der Richtige Berliner 6. A. 1904; aus dem Polnischen; für einen Mausefallenhändler).

Reffkrämer („Reff" s. v. w. Rückentraggestell).

Schacherjude („Schacher" zu hebr. סָחַר d. i. umherziehen; also eigtl. für einen jüdischen Hausierer; — dann übh. für einen jüdischen Handelsmann, ja für einen Juden).

Schott (Mathesius' Sarepta 1562 u. a. bei Frisch II 222; s. a. unter Gerber).

Tabulettenträger (Adr. Beier, Der Meister, 2. A. 1692 S. 205), Tabulettkrämer („Tabulett" aus dem Neulateinischen s. v. w. Fächer-, Tragkasten).

Treppengast (Leipzig).

Twist un Twirn un Schörtenband, Hak un Ös' un allerhand (niedd., Mecklenburg; „Twist" bedeutet Baumwollgarn, auch Kautabak).

Walsch (in Bayern für einen „italienischen" Landhausierer; s. Kluges Etymolog. Wörterb. s. v. kauderwelsch).

Hausknecht:

Allemanns-Knecht (N. Chytraei Nomenclator 1597 bei Frisch II 75).

Aschenbrödel s. unter Dienstmädchen.

Drevel (niedd., N. Chytraeus 1597 bei Frisch S. 205).

Fidibus s. Viceboos.

Hausbüffel (Fons Latinitatis 1653 s. v. mediastinus, Frisch 1741 S. 151, noch bei Weber, Demokritos XI Kap. 15; zu „büffeln" d. i. schwer arbeiten; nach Kluge „Büffel" schon 1571 s. v. w. „Knecht für rohe und schmutzige Arbeit").

Hausknecht aus Nubierland (Studentensprache, aus Scheffels Lied „Altassyrisch"; für den H. einer Gastwirtschaft).

Hausknochen (Berlin).

Köchemobbes (Eifel; = „Küchenmops").

Scharwenzel (aus mhd. schar s. v. w. Fronarbeit und „Wenzel"; eigtl. der slawische leibeigene Knecht, s. M. Heynes Wörterbuch; dann der Bube im Kartenspiel, z. B. in Hoffmannswaldau u. anderer Gedichten III 1710 S. 161 und bei Amthor 1717 S. VI, und s. v. w. Allerweltsdiener, Faktotum, z. B. bei Corvinus 1720 S. 300 u. 316, vgl. auch im Mecklenburger Platt „Scharwenzel-Öhme" für einen im Haushalt zu allem möglichen verwendeten alten Onkel).

Viceboos, Vicibus, auch verunstaltet zu Fidibus (Kundensprache, die beiden ersten bei Ostwald; „Boos" siehe unter Herbergswirt!; für den Hausknecht einer Herberge).

Siehe auch unter Bedienter!

Hebamme:

Bade-Möme (niedd., N. Chytraeus 1597 bei Frisch S. 48; „Möme" = Muhme).

Bähmoer (Paderborn, Kinder- u. Hausmärchen der Brüder Grimm Nr. 126, = Wehmutter; zu bähen d. i. durch Umschläge erwärmen?).

Krebsenfangerin (Wien; „Krebs" wie „Krabbe" s. v. w. kleines Kind).

Mudder Gripsch (niedd., Mecklenburg; „Gripsch" = Greiferin).

Püppelmutter (Zincke, Oeconomisches Lexicon 1753 s. v. Kinder-Mutter).

Rekrutenbringerin (Albrecht, Leipziger Mundart).

Weise Frau (vgl. franz. sage-femme u. niedl. vroedvrouw; heute meist von solchen, die eine strafbare Nebenbeschäftigung haben).

Weise Mutter (Frisch 1741, s. d. vorige).

Heilsarmee-Schwester:

Hallelujameechen (Berlin).

Kiepenjule (nach ihrem einer Kiepe d. i. einem Rückenkorbe ähnelnden Hute).

Heiratsvermittler:

Rewinschenschneider (Bauernsprache um Leipzig, bei Albrecht; „Rewinschen" = Rapünzchen, Valerianella olitoria L.).

Schadchen (Gaunersprache; bei Ostwald; aus neuhebr. שַׁדְּכָן, bei den Juden die übliche Berufsbezeichnung).

Herbergswirt:

Boos (Kundensprache, bei Ostwald; = niedd. „Baas" d .i. Herr).

Chessenspieß (Gaunersprache, bei Ostwald; „Chesse", Diebsherberge, zu hebr. חָסָה d. i. Obdach suchen; „Spieß" s. unter Gastwirt!).

Drahtvater (Kundenspr.; Draht s. v. w. Geld; für einen Hausvater oder Vorsteher des Asyls für Obdachlose).

Heiliger Vater (Kundensprache, bei Ostwald; für den Verwalter einer „Heiligkeit", Herberge zur Heimat).

Penneboos, Pennemeister (Kundensprache, b. Ostwald; „Penne", Herberge, wohl zu neuhebr. פָּנָה s. v. w. sich von den Geschäften abwenden, müßig sein; „Boos" s. oben).

Siehe auch unter Gastwirt!

Hirt (Schäfer):

Bissertbrumser (Kunsprache, bei Ostwald; „Bissert" d. i. Schaf; statt „brumser" ist wohl „bumser" zu lesen, s. d. folgd.; für einen Schafhirten).

Bumbser (Kundensprache, bei Ostwald, wo die Erklärung „Schläfer" Druckfehler für „Schäfer" ist), Bumser (Tetzner s. v. welsch) (zu „bumbsen" od. „bumsen" d. i. stoßen).

Hans Bendix (so heißt der Schäfer in G. A. Bürgers Gedicht „Der Kaiser und der Abt" [S. 298 der Ausg. v. 1860]; der hl. Benedictulus gilt als Patron der Schäfer, weil er in seiner Jugend die Schafe seiner Mutter hütete; da sich aber „Meister Benedix" für „Scharfrichter" findet, dessen Amt vielerorts mit der Abdeckerei verbunden war, und diese manchmal auch von den Schäfern ausgeübt wurde [wohl deshalb galten sie für unehrlich; vgl. Eckart, Stand u. Beruf S. 181: „Schäfer und Schinder sind Geschwisterkinder"], so könnte „Bendix" geradezu auf benedicere zurückgeführt werden als „einer vor dem man sich segnet oder bekreuzt"; auch in aktivem Sinne ließe es sich erklären: „einer der das Kreuzeszeichen macht" bei seinen Besprechungen als Kurpfuscher).

Herdenpromenadierer (Berlin, bei Glaßbrenner).

Jüngling von der Wiese (ebenda).

Porer (Gaunersprache, bei Ostwald).

Puhlaf un Plasterbengel (Wossidlo, Imperativ. Bildungen im Niederd. 1890 Nr. 3 b; Beiname des Schäfers um Güstrow, weil er den verreckten Schafen das Fell abzieht und sich auch als Kurpfuscher betätigt).

Raiche (Gaunersprache, bei Ostwald).

Raue (Gaunersprache, bei Ostwald u. bei Tetzner s. v. welsch; aus hebr. רֹעֶה).

Schaf-Rumdreiber (Berlin, bei Glaßbrenner).

Tüt in't Hörn (Wossidlo a. a. O. Nr. 216; so heißt der Kuhhirt im Volksliede).

Viehbeflissener (Berlin, bei Glaßbrenner).

Zom (Gaunerspr., bei Ostwald; zu „Zonn" d. i. Schaf, hebr. צאן d. i. Schafherde; für einen Schafhirten).

Die Schäfer gelten für betrügerisch (G. H. Zincke handelt in seinem Oeconomischen Lexicon 3. A. 1753 Sp. 2543 ff. ausführlich von der „Schäfer-Partiterey oder Köffeley"; Eckart a. a. O.: „99 Schäfer 100 Betrüger"), für faul (Schambach, Göttingisch-Grubenhagen'sches Idiotikon 1858 s. v. lûlei: „Dem Schäfer, der gleichsam zum Symbol der Faulheit geworden ist, ruft man zu: schâper lûlei stinket as en fûl ei"; lûlei bedeutet in dieser Mundart sowie luilak im Niedländ. einen Faulenzer, letzteres auch den Schäfer; im Mecklenburgischen sagt man: „Schepersweit is dür, kost dei Druppen ein'n Dahler", vgl. unter Maurer) und für verliebt (Wossidlo a. a. O. Nr. 224 führt aus einem in der Umgegend von Waren in Mecklenburg gesungenen Volksliede an: „de scheper dats so'n spring övern graben, de het so mennig mäten bedragen", — womit ein alter Spruch aus Gadebusch in Mecklenburg zu vergleichen ist: „Scheper, wo hest din'n bunten Hund? Verh—, versnurt [d. i. verfressen, vgl. snoͣren bei Schambach], versumfeit [d. i. verjubelt, eigtl. beim Tanze]" —, und auch vom Kuhhirten führt Wossidlo Nr. 132 ebendaher an: „de kohhird is so'n kiek achter'n busch, de giwt so manches mäten 'n kuss"). Einen der immer pfeift nennt man „Schäferknecht" und der Berliner fragt jenen: „De Schefer ha'm wol Quartal?" (Der Richtige Berliner 6. A. 1904 s. v. Quartal).

Hofbeamter:

Achitophels Verwandter (Rachel, Satiren VII 1677 V. 469, nach II. Samuelis Kap. 16 und 17; אֲחִיתֹפֶל bedeutet eigtl. einen Bruder der Übertünchung d. i. Gleisner).

Hofe-Pest (Rachel, Satiren VII 1677 V. 474).

Hofe-Schwantz (Rachel, Satiren VII 1677 V. 469; „Schwantz" erinnert hier an „Fuchsschwanz" für Schmeichelei [s. Jac. Grimm, Reinhart Fuchs 1834 S. XLI] u. „Fuchsschwänzer" für Schmeichler, denn „zu Hofe muß man den Staub und Unrath mit Fuchsschwänzen abkehren" [Christoph Lehmann, Florilegium politicum, zuerst 1630]).

Hoffreinicke (Taubmanns Virgil-Ausgabe 1618 S. 979; „Reinicke" = Reineke [Fuchs]).

Hof-Lecker (Geilers [gest. 1510] Postill Bl. 171 bei Frisch S. 460).

Hofschranze (von der „geschlitzten", modischen Hofkleidung, s. Kluges Etymol. Wörterb. s. v. Schranz).

Hohepriesterin der Etikette (Sacher-Masoch, Die Keuschheits-Kommission 1873? S. 22; für eine Oberhofmeisterin).

Holzhacker (Holzmacher):

Spraußfetzer (Kundensprache, Günther S. 38 Anm., der „Fetzer" hier nicht zu lat. facere d. i. machen setzt, sondern zu „fetzen" d. i. abschneiden, vgl. zerfetzen; „Sprauß" bedeutet n. Ostwald Brennholz, = Sprosse, niedd. Sprute, mhd. spruz; also eigtl. der die Sprossen von dem Holz abschneidet).

Hopfenpflücker:

Zopfianus (Kundenspr.; Günther S. 47 denkt an Entstellung aus „Hopfianus"; s. jedoch das folgende).

Zupfianer (Kundenspr., bei Ostwald; „Zupf" weist auf „zupfen" hin).

Hutmacher (Mützenmacher):

Klopper („Sind eine sondere Art der Hutmacher so die Wolle durch kloppen oder schlagen zubereiten, von denen gesaget wird, daß sie geklopffte Arbeit machen", Adr. Beiers Handwercks-Lexicon 1722 S. 221).

Kopfschuster (Kundensprache, bei Ostwald, u. Leipziger Mundart, bei Albrecht), niedd. Koppschauster, -schoster, berlinerisch Koppschuster.

In der Kundensprache bedeutet „Hutmacher" nach Ostwald einen Wilddieb. „Hutmacherknecht" in **Brants** Narrenschiff 1494 Nr. 72 für einen groben Menschen: „H. singt dann die Sext, Von groben Filzen ist der Text."

Jäger, Förster:

Aasjäger (Max Geißler, Hütten im Hochland 1905 S. 104; eigtl. ein nicht Weidgerechter; für einen schlechten Jäger).

Buschkrüper (niedd., Mecklenburg; zu „krupen" = kriechen; vgl. „Buschläufer", wie früher in der Mark Brandenburg die nichtberittenen niederen Forstbeamten hießen, s. Frisch 1741 S. 158).

Forstlöwe, Forstpolack (Studentenspr., s. Kluge; für den auf einer Forstakademie Studierenden).

Fuchsschinner (Eckart, Stand u. Beruf im Volksmund [1900] S. 185).

Gründing (Kundenspr., Günther S. 75 Anm. 79 u. Tetzner s. v. welsch).

Grünhose (Kundensprache, bei Ostwald).

Grünrock (auch für einen Zollbeamten).

Grünschnabel (Kundensprache, bei Ostwald).

Grünspecht (Kundenspr., Günther S. 66 u. bei Ostwald).

Grünstäudel (Kundenspr., Günther S. 67; „Stäudel" oberd. = kleine Staude).

Grünwedel (Kundenspr., Günther S. 66 u. bei Ostwald).

Heckenscheißer (Kundensprache, bei Ostwald).

Jahrhegler (Gaunerspr., Tetzner s. v. welsch; „Jahr" wohl hebr. יַעַר d. i. Wald, und „Hegler" wohl = Heger, Hüter).

Jasker (Gaunerspr., Tetzner s. v. welsch; woher?; im Dänischen bedeutet Jasker — zu Jask d. i. Lumpen,, Fetzen — einen untüchtigen Handwerker, Pfuscher).

Kik in Busch (Wossidlo, Imperativ. Bildungen im Niedd. 1890 Nr. 169; so heißt der Jäger im Volksliede).

Laubfrosch (Kundenspr., Günther S. 66 u. bei Ostwald; — umgekehrt heißt der Laubfrosch im Mecklenburger Platt „de gräune Jäger)".

Paddux (nach dem Richtig. Berliner für Parkwächter; eigtl. Frosch).

Specht (Kundenspr., Günther S. 66 u. bei Ostwald; vgl. Grünspecht).

Wichsstiefel („Bruder W." redet den Jäger wegen seiner glänzenden Stiefel der Soldat im Märchen an, s. Brüder Grimm, Kinder- und Hausmärchen Nr. 199).

„Jäger haben weder in der [Heiligen] Schrifft noch in Historien einen guten Namen" (Lehmans Florilegium Politicum auctum 1662 S. 437). Dem Jägersignal wird in Mecklenburg folgender Text untergelegt: „Dat Jägerpack, dat Jägerpack, Dat frett un süppt den ganzen Dag, Un lurt, Un h—!" Vergl. dazu einmal: „Die Jäger haben einen guten Schlund, Sie essen und trinken zu jeder Stund'" (Eckart, Stand u. Beruf im Volksmund

[1900] S. 184), sodann: „Die Förster strafen die Mägde, so in Wald gehen, über den Stumpen ab" (ebenda S. 182; „Stumpen" s. v. w. Baumstumpf). — Allbekannt ist das „Jägerlatein".

Kaffeeverleserin:

Kaffeebödelsch (niedd., Hamburg; Bödelsch s. unter Freudenmädchen).

Kammacher:

Kamuff (Studentensprache 1837, s. Kluge S. 97 u. 63).

Nach Hans Meyer, Der Richtige Berliner, 6. A. 1904 S. 167 feierten die Kammacher ein „Lausefest".

Kartenlegerin (Wahrsagerin):

Sibylle (eigtl. eine der altgriechischen und altrömischen Weissagerinnen; in Rachels Satiren VIII 1677 V. 406 „Sybill").

Veranerin (Gaunerspr., Liber Vagatorum 1512-16 [Weimar. Jahrb. IV S. 90 f.] und bei Ostwald, von diesem „Verahnerin" geschrieben, als wäre es an „ahnen angelehnt; jedenfalls liegt lat. verum zugrunde).

Wickersche u. Wickwîf (niedd., Braunschweig bzw. Münster in Westf.; zu „wicken" s. v. w. wahrsagen).

Kaufmann, Krämer:

Adi Laus semper, auch bloß Laus semper (Rist, Das Friedewünschende Teutschland 1647 bzw. Das Friedejauchzende Teutschland 1653; eigtl. Entstellung bzw. Verkürzung der Formel, mit der Rechnungen begannen: Laus semper Deo).

Budensitzer (Frisch 1741 II 282; für einen Krämer).

Callico (Kladderadatsch-Kalender 1875 S. 93: „das Geschlecht der Commis, vulgo Callicos"; für einen Gehilfen in einem Manufakturwarengeschäfte).

Dütchenkrämer s. Tütchenkrämer.

Ellenjud' (niedd., Mecklenburg; für einen Manufakturisten, ohne Rücksicht auf den Glauben).

Ellenleutnant (Studentensprache 1831, bei Kluge; für einen Gehilfen in einem Manufakturwarengeschäfte).

Ellenreiter (allgemein für einen Manufakturisten; s. a. Junker von der Ellen, u. Scheren- und Ellenmajor).

Fragner s. Pfragner.

Geschäftsverführer (scherzhaft für Geschäftsführer).

Gewürzkapitän (Danzig; für einen der die einheitliche Entlöschung der Stückgutdampfer u. die Verteilung der Güter an die verschiedenen Empfänger besorgt).

Gnesepinn (niedd., Münster in Westf.; imperativische Bildung, aus „gnesen" d. i. mit etwas knausern und „Pinn" d. i. kleiner Nagel od. Pflock; für einen schlecht wiegenden Krämer).

Greißler (oberd.; eigtl. Grießhändler?; für einen Kleinhändler).

Grempler (oberd.; mhd. grempen aus ital. comprare d. i. kaufen; für e. Kleinhändler).

Hak (bes. Lichthak), früher auch Hägler (Frisch S. 395; für einen Kleinhändler; vgl. Höker).

Hedenkramer s. Nedenkramer.

Heringsbändiger, in Berlin auch Heringsfritze u. Heringskopp, bei Glaßbrenner milcherner Heringsfabrikante, in Leipzig Heringskrämer und Heringsseele, in Mecklenburg niedd. Hiringsgriper, bei F. Reuter, Ut mine Stromtid Kap. 19 Hiringshingst (für einen Kolonialwarenhändler).

Höker (nach Kluges Etymol. Wörterb. wahrsch. zu „hocken" s. v. w. gebückt sitzen; genauer wohl zu „aufhocken", d. h. in gebückter Stellung eine Last auf den Rücken nehmen; vgl.: „Denn soll man erstlich was von denen Höcken sagen, weil sie ihr ganzes Gut in einem Höckgen [d. i. kleiner Rückenkorb] tragen: So hoff ich nimmermehr, daß da Buchhändler sind, wo sich ein lahmer Tisch mit zwey Scartequen findt" [‚Die Buchhandlung wird als die fürtrefflichste Kauffmannschafft betrachtet' in: Die Wol-eingerichtete Buchdruckerey 1721]; eigtl. für diejenigen, welche, nach Krünitz' Encyklopädie XXI 1780 S. 749, „mit ganz geringen Waaren, insonderheit mit Victualien, umgehen und solche bey Pfennigen und Groschenwerth verkaufen"; dann verächtlich für Krämer).

Industrieknappe (M. G. Saphir, Ich als Briefsteller der Liebe und Eifersucht).

Junker von der Ellen (Rist 1653; für einen Manufakturisten).

Kaffeesack (für einen Hamburger Großkaufmann).

Kandierer (Feldsprache, Horn S. 26; zu Kandis?; für ein. verdorbenen Kaufmann).

Kartunfritze (Berlin, bei Glaßbrenner; Kartun = Kattun; für einen Manufakturisten).

Käsekrämer.

Kik æwer't Heck (Wossidlo, Imperativ. Bildungen im Niederd. 1890 Nr. 221 a; „Heck" ist eine zweiteilige halbe Gittertür).

Kik ut de Dör (ebenda Nr. 255 a).

Klipkramer (Lauremberg niedd. Scherzgedichte 1652 III V. 451 u. Bernhard, Historie derer Gelehrten 1718 S. 400), Klippkrämer (Frisch 1741 S. 523) (für einen der mit „allerhand Kleinigkeiten" handelt).

Knappschiter (niedd., Mecklenburg; für einen schlecht wiegenden Krämer).

Königlicher Kaufmann (aus Shakespeare, Kaufmann von Venedig III 2 u. IV 1; vgl. Ida Boy-Ed, Ein königlicher Kaufmann, Hanseatischer Roman 1910).

Koofmich (von Berlin aus weit verbreiteter Ausdruck; imperativische Bildung).

Krämerseele.

Krämpe (altelsäss.; s. Grempler; für einen Kleinhändler).

Krühkramer (Adr. Beiers Handwercks-Lexicon 1722 S. 232, wo es „ein verächtlich Wort" genannt wird) und Krutkramer (wie in Hamburg der Kolonialwarenhändler hieß, s. Korrespondenzbl. d. Ver. f. niedd. Sprachforschg. 1909 S. 25 f. u. Frisch 1741 S. 545) („Kraut", niedd. „Krut", auch „Krü", s. v. w. Gewürz).

Kümmerer (ältere Gaunersprache, s. Deutsches Wörterbuch; für Kaufmann).

Ladendiener (heutzutage nur verächtlich), Ladenschwanz (Studentensprache 1839), Ladenschwengel u. Ladenschwung (nach Kluges Studentenspr. 1831 gebucht u. in Gaudys Werken I 218, ersteres aber schon in Laukhards Leben u. Schicksale), Ladenstudent (Laukhard a. a. O.) (alle für Handlungsgehilfe).

Lakenriter (niedd., O. Weltzien, Kronika van Rostock 1908; = Lakenreißer; „Laken" s. v. w. Tuch, feiner Wollstoff, bes. zu Kleidern für Männer; also für einen Manufakturisten; vgl. Leinwandreißer).

Laufmann (Kundenspr., nach Günther S. 47 nichts weiter als „Kaufmann" mit Veränderung des Anfangskonsonanten; vgl. jedoch die sprichwörtl. Redensarten bei Eckart, Stand u. Beruf im Volksmund [1900] S. 43, 44 u. 47: „Koplüde — Loplüde", „Entweder Kaufmann oder Laufmann" und „Ein Laufmann ist kein guter Kaufmann", sowie die Redensarten aus Lippe [Jahrb. d. Ver. f. niedd. Sprachforschg. 1909 S. 63]: „Vandaje Käupmann — moern Läupmann" und „Käupmann të wërn, ës nënne Kunst, öwwer Käupmann të blüiben").

Laussemper s. Adi L. s.

Leinwandreißer (Frisch 1741 II 107: „heißt an einigen Orten mercator lintei"; vgl. Lakenriter).

Leinwandschneider (Kundensprache, bei Ostwald; für einen Manufakturisten).

Lur up 'n Penning (Wossidlo, Imperativ. Bildungen im Niederd. 1890 Nr. 245 a).

Marterchrist (Albrecht, Leipziger Mundart 1881 u. Hans Meyer, Der Richtige Berliner, 6. A. 1904; entstellt aus „Materialist" im Hinblick auf die lange Tagesarbeit des Materialwarenhändlers).

Maucher (Gaunersprache, Tetzner s. v. welsch; zu hebr. מָכַר d. i. verkaufen).

Merkursjünger (nach dem römischen Handelsgotte).

Meßonkel (für einen die Leipziger Mustermesse besuchenden Kaufmann).

Mühlendammer Lord (Berlin, bei Glaßbrenner; nach dem Richtigen Berliner waren früher unter dem Mühlendamm in Berlin die feinsten Schnittwarengeschäfte; für einen geschniegelten Handlungsgehilfen).

Nedenkramer (niedd., in Schnobels [† 1802] Zusätzen zum Lübischen Wörterbuche des Jacob v. Melle [Jahrb. d. Ver. f. niedd. Sprachforschg. 1909 S. 29]; Colmar Schumann vermutet [ebenda S. 30] dafür „Hedenkramer"; Schnobel erklärt „Nedenkramer" durch „Leinwandhändler").

Ölprinz („Prinz" = Prinzipal, bes. früher für „Buchdruckerherr", s. meine „deutsche Druckersprache" 1900 S. 84; „Lehrprinzen" nannten sich die Barbiere, Jäger und Trompeter).

Pfefferdütler, Pfefferkrämer (Albrecht, Leipziger Mundart 1881; für einen Kleinhändler).

Pfeffersack (Wicel 1536, s. Kluges Etymolog. Wörterb. 7. Aufl.; Rist 1647 u. Rachels Satiren 1664 IV V. 346; für Kaufmann; noch bei T. M. Pächter, Korl un Lotting [in vorpommerscher Mundart] 1876 S. 3 wird ein kleiner Kaufmannssohn „'n lütten Päperprinzen" genannt; — vgl. auch Frisch 1741 II 50: „Die alten Edelleute nennen noch heut zu Tage einen neugemachten Edelmann, sonderlich wann er aus dem Kaufmanns-Stand ist, einen Pfeffer-Sack").

Pfennigkrämer (Krünitz, Encyklopädie XXI 1780 S. 749).

Pfragner (Österreich; ahd. pfragana nach Kluge wohl aus griech. πρᾶγμα s. v. w. Geschäft, mhd. phragener u. phretzner, woher der Familienname „Pfretzschner"; für einen Kleinhändler).

Pinnkeshüöker (niedd., Münster in Westf.; = der kleine Nägel im kleinen verkauft).

Pixe, Pixenknecht (Liederhandschr. des Leipziger Studenten Ch. Clodius 1669 Nr. 32 u. 33, bei Blümml 1910 S. 22 ff.; Pixe = Büchse, griech.-lat. pyxis).

Portokassenverwalter (in übertragenem Sinne für einen leichtlebigen jungen Angestellten eines größeren Kaufmannsgeschäftes, z. B. bei Ysentorff, An ihren Früchten 1904 S. 152).

Prüntjehöker (niedd., Hamburg, bei F. Stavenhagen, Grau und Golden 1905; „Prüntje" s. v. w. ein Stück Kautabak; für einen knauserigen Krämer).

Pükenkramer (niedd., Lübeck, noch um 1830; „Püken" s. v. w. Proben, s. Korrespondenzbl. d. V. f. niedd. Sprachforschg. 1908 S. 83; für einen Kleinhändler).

Resterfritze (E. Georgy, Die Berliner Range II 1900 S. 35).

Rosinenengel.

Scheren- und Ellenmajor (Laukhards Leben und Schicksale).

Schniepel, auch Schnippel (Studentensprache, nach Kluge ersteres 1825—31, letzteres 1846 gebucht; für einen feingekleideten Handlungsgehilfen).

Schublädlezieher (Niederbayern; für Krämer).

Schwank, Schwengel, Schwung (Studentensprache, nach Kluge bzw. 1825, 1841, 1831 bis 1846 gebucht, letzteres noch heute verbreitet; vgl. Ladenschwengel, -schwung; für einen Handlungsgehilfen).

Schwonig (Albrecht, Leipziger Mundart 1881; = Schwung, s. das vorige).

Seidenspinner („Seide spinnen" s. v. w. viel verdienen; für Kaufmann).

Sirupsbengel (Albrecht, Leipziger Mundart 1881), Sirupsengel (vgl. Rosinenengel), Sirupsjüngling (Berlin, bei Glaßbrenner), Sirupsleckender Jingling mit verfrorne Kußfinger (Hans Meyer, Der Richtige Berliner, 6. A. 1904), Sirupsprinz (F. Reuter, Ut mine Stromtid, Kap. 19; s. zu Ölprinz), Sirupsritter.

Socher u. Zocher, auch Söcher, Sochter, Soger (Gaunersprache, Stumme S. 19, Günther S. 28 und Ostwald; hebr. סֹחֵר d. i. „umherziehender" Händler, zu סָחַר, woraus „schachern"; für Kaufmann).

Sohn der heiligen Commerzia (Saphir a.a.O.).

Sonnenkrämer s. unter Althändler!

Speckhöcker (Laurembergs niedd. Scherzgedichte 1652 II V. 725; vgl. mniedd. specksnîder; für einen Kleinhändler).

Staubhengst (Karmayers Gaunerglossar von 1835 bei Günther S. 69; für einen Kleinhändler).

Stift (nach Günther S. 97 ist schon 1687 als Gaunerausdruck „ein Stiftgen s. v. w. ein Knäbgen" gebucht; eigtl. ein kleiner Pflock; für einen Handlungslehrling, übh. Lehrling).

Trankonditer, Tranmelochner (Kundensprache, „Melochner" zu hebr. מְלָאכָה d. i. Arbeit, Geschäft), Tranprovisor („Provisor" heißt sonst u. a. der Verwalter einer Apotheke) (alle für einen Materialwarenhändler).

Tügjud' (niedd., Mecklenburg; „Tüg" = Zeug; für einen Manufakturisten, ohne Rücksicht auf den Glauben).

Tütchenkrämer (Albrecht, Leipziger Mundart 1881 s. v. Dütchenkrämer; eigtl. der tütchenweise verkauft; für einen Kleinhändler).

Tütchenwickler (Kundensprache, s. d. folgende).

Tütendreher (berlinerisch „Tietkendreher"), auch Tütenklebrich (eigtl. für einen Handlungslehrling, dem das Drehen oder Kleben der Tüten oblag, dann für Krämer übh.).

Zocher s. Socher.

Der Volksmund wirft den Krämern Unredlichkeit vor; so heißt es z. B. in Lehmans Florilegium Politicum auctum 1662 S. 450: „Betrug Ist der Krämer Wagen vnd Pflug", und: „An der Krämer Schweren [= Schwören] Soll sich niemand kehren".

Kellner:

Befrackter.

Bierkamuff (Studentensprache, nach Kluge S. 97 s. v. Kamuff 1846 gebucht; „Kamuff" nach Kluge S. 63 wohl f. „Kamel").

Flunki (Seemannssprache, bei Kluge, Unser Deutsch S. 113; nach K. Knortz, Folkloristische Streifzüge 1899 S. 423 bedeutet flunky in Nordamerika einen Bedienten in Livree und einen Speichellecker).

Ganymed (eigtl. der Mundschenk des Zeus).

Jean.

Kellnör (niedd., mit der franz. Endung eur nach Analogie von marqueur).

Kolibri (Studentensprache, nach Kluge bei Heine III 19; für einen kleinen Kellner).

Marcus (Studentensprache, nach Kluge zuerst 1781 gebucht und noch 1843 belegt; aus franz. marqueur).

Markür (niedd., Mecklenburg; aus franz. marqueur; hochdeutsch „Markeur" noch bis Anfang der 1860 er Jahre).

Ober (Berliner Abkürzung von „Oberkellner", auch Oberkörper).

Piccolo (durch die „Fliegenden Blätter" nach Berlin gedrungen und von dort weiter verbreitet; ital. piccolo d. i. klein; für einen Kellnerlehrling).

Pontius (Studentenspr. vor 1781, s. Kluge).

Portionshandlanger (Kundensprache, bei Ostwald).

Schwenker (Kundenspr., bei Ostwald; s. das folgende).

Serviettenschwenker.

Stift (s. unter Kaufmann; für einen Kellnerlehrling).

Stöpsel (so schilt in Justinus Kerners Schattenspiel „Der Bärenhäuter im Salzbade" 1837 der Oberkellner den Unterkellner; eigtl. ein Kerl wie ein Pfropfen, ein kleiner Kerl, vgl. Piccolo und Stift).

Kellnerin:

Animiermädel (die den Gast zu vielem Trinken und Freihalten „ermuntert", vgl. Animierkneipe).

Bierbesen (Studentensprache, Kluge S. 19; vgl. Besen unter Dienstmädchen).

Biermamsell.

Biernymphe (Studentensprache; vgl. Stallnymphe unter Dienstmädchen, u. Nymphe unter Freudenmädchen).

Gollerl (Dirnensprache, bei Borstel 1904).

Hebe (eigtl. die Mundschenkin im Olymp).

Kellnerbiene (Soldatensprache, Horn S. 131; vgl. Biene unter Freudenmädchen).

Kellnöse (Studentenspr., mit franz. Endung).

Kneipbesen (Studentensprache, Kluge S. 19; s. Bierbesen).

Polkamädchen („Polka" war in den 50er Jahren des vorigen Jahrh. ein Berliner Modewort, s. Rich. M. Meyer, Vierhundert Schlagworte 1900 S. 4 f.; damals für eine fesche Kellnerin in einer größeren Stadt).

Schenkmamsell.

Kesselflicker:

Ballertmenger (Gaunersprache, Tetzner s. v. welsch; „Ballert" d. i. Wald, s. Ballertbruder unter Handwerker i. allg. b; der erste Bestandteil des Worts bezieht sich also darauf, daß die umherziehenden Kesselflicker oft im Walde lagern; „Menger" = Menge, s. das folgende).

Meng (im Vocabular. des Lib. Vagatorum 1512—16 [Weimar. Jahrb. IV S. 99] durch „Keßler" erklärt, das nicht bloß den Kupferschmied, sondern auch den Kesselflicker bedeutete; „Menge" aus lat. mango s. d. w. Hausierer, s. Deutsches Wörterbuch).

Panni plasta (Studentensprache, bei Potorianus [d. i. J. Prätorius], Philosophia Salustiana 1664 p. 178; statt „Pfannenflicker").

Rastelbinder (Österreich; zu ital. rastello d. i. Drahtgitter; s. d. slowakischen „Drahtbinder").

Töpfchenstricker.

Die sprichwörtliche Redensart: „Er hat ihn ausgemacht (d. i. ausgeschimpft) wie ein Kesselflicker" findet sich schon bei Potorianus, Philosophia Salustiana 1664. — Frisch S. 512 führt aus dem Narrenschiff Bl. 87 b an: „einen Keßlers-Muth haben, Sorgloß und bey vielen Schulden doch lustig seyn".

Kirchenberechner:

Komes (niedd., bei F. Reuter, Läuschen un Rimels II 57 V. 6; volksetymologische Verdrehung von „Ökonomus", wie sie in Mecklenburg genannt werden; niedd. „Kohmeß" = Kuhmist).

Klavierspieler:

Anton Notenquetscher (Titel e. satir. Gedichts von Alex. Moszkowski 1875 u. ö.; von diesem frei erfundener Spottname für einen minderwertigen K.).

Klaufimbler (Berliner Ausdruck; zu „Klavizimbel" mit Anlehnung an „Klaue").

Klavierhengst (Der Richtige Berliner 6. A. 1904).

Klavierpauker.

Klempner:

Blechrat (Kundensprache), Bleckschauster (niedd., Mecklenburg) (in Münster in Westf. ist „Bleckfliäger" = Blechschläger, in Freiburg in Baden „Blechner", anderswo „Blechschmied" die Berufsbezeichnung; vgl. die Definition bei Glaßbrenner: „Der Mann muß alle Dage blechen un will davor bezahlt werden").

Klemtneer (Berlin).

Klipper (Halle a. S.; als „Klipperer" bei Matthiae, Manuale lexicon 1748 s. v. petalurgus).

Lötkolb'en (Kundenspr.).

Plumpschinägler (Gaunersprache, Günther S. 44 f.; „Plump" nach Günther S. 34 s. v. w. Blei aus lat. plumbum; „Schinägler" d. i. Arbeiter zu „Schin-agole" d. i. Schubkarren).

Sonnenschmied (Kundensprache, bei Ostwald), niedd. Sünnensmitt (wegen des Bleches, das eigtl. s. v. w. „das Glänzende" bedeutet; in Württemberg ist „Sonnenschmied" Berufsbezeichnung).

Koch:

Doktor (Seemannssprache, bei Kluge, Unser Deutsch S. 112).

Schlunzhammel (Gaunerspr., bei Ostwald; „Schlunz" d. i. Gefängniskost, in Ostpreußen die Früh- u. Abendsuppe des Soldaten; für einen Gefängniskoch).

Sewkoch (Taubmanns Plautus-Ausgabe 1612 S. 161; = Säukoch; für einen schmutzigen Koch).

Smeerdeef (Seemannssprache, bei Kluge a. a. O.; niedd. = Schmierdieb; „Smeer" = Schmiere, Fett, Butter).

Smutje (desgl., ebenda; danach ist es ein zärtlicher Scherzname).

Sud(e)ler (in Fronspergers Kriegsbuch 1596 — zitiert von P. Horn, Die deutsche Soldatensprache 1899 S. 86 — für einen Feldkoch; „die Sudeler" sind im Fons Latinitatis 1653 p. 369 erklärt durch „Köche vnd Wäscherin im Kriege"; in Reyheri Lex. lat.-germ. 1686 ist lixa übersetzt durch „Sudeler", in Matthiae, Lex. lat.-germ. 1748 durch „Sudel-Koch, Wäscher im Krieg, Feld-Koch, Marquetender"; Frisch 1741 II 355 erklärt „Sudler" durch „Küchen-Jung, lixae et vilioris servitii homines" und I 530 „Sudel-Koch" ebenfalls durch lixa; dann für einen schmutzigen Koch, z. B. bei Abrah. a. S. Clara, Etwas für Alle 1699 S. 609: „Es gibt Köch, die mehrer solten Sudler genennt werden, weil sie offt aus einer jeden zinnenen Schüssel ein Porcellan machen, und so säuisch mit den Speisen umgehen, daß man zuweilen einen halben Spüll-Hadern untern Kraut findet, und bißweilen so viel Haar in der Suppen, als hätten zwey junge Bären darinn geraufft"; nach Kluges Etymolog. Wörterb. zu „sieden"; — s. auch unter Buchdrucker u. unter Maler).

Sudelkoch (Taubmann a. a. O.; für einen schmutzigen Koch; dann für einen Garkoch, z. B. Fons Latinitatis 1653 p. 503 u. Matthiae, Lex. germ.-lat. 1748 S. 345; „Der Grobian von Sudelkoch Weiß nichts von Leckerbißchen!" J. H. Voß, in den Sämmtl. poet. Werken 1850 IV S. 169; — s. auch d. vorige).

Köchin:

Kæksch (niedd.).

Kasterolhusare, die (Albrecht, Leipziger Mundart 1881; zu aus dem Deutschen stammendem franz. casserolle d. i. Schmortiegel, vgl. niedl. kastrol u. tschech. kastrol).

Kastrollbursche (Der Richtige Berliner; s. das vorige; — bei Glaßbrenner „Fräulein Kastrolle von Feuerheerd").

Küchendragoner (nach den vom Großen Generalstab veröffentlichten Urkundl. Beiträgen zur Geschichte des preuß. Heeres, Heft VIII 1905 hatten drei Dragonerregimenter dienstlich den Titel „Hofstaats- oder Küchendragoner", weil sie 1689 bis 1704 den Dienst beim Hofstaat versahen, und wurde das Regiment Grumbkow, dessen Chef Oberschenk war, vom alten Dessauer „Küchendragoner" genannt, weil es in seiner ersten Zeit ebenfalls Dienste im Hofstaat des Kurfürsten von Brandenburg verrichtete; als dann an Stelle der Köche und Küchenjungen mehr weibliche Dienstboten beschäftigt wurden, verwandte man das Wort zur Bezeichnung von Köchin und Küchenmagd).

Küchenfee („Fee" ironisch).

Küchenschemel (Studentensprache, nach Kluge 1831 gebucht).

Suppensmitt (niedd., Mecklenbg.; „Smitt" = Schmied).

Kohlenarbeiter:

Gottverdammis (Deutz

a. Rh., bei Albrecht, Leipziger Mundart 1881 s. v. Dammichbruder; wegen des Fluchens; für K. aus dem Ruhrtal).

Kohlenträger:

Mann mit 'n Koks (aus dem Berliner Gassenhauer „Mutter, der Mann mit 'n Koks is da!", s. Der Richtige Berliner 6. A. 1904 S. 154 Nr. 243).

Schwarzer Mann.

Komponist:

Musikalischer Teppichweber (R. H. Bartsch, Zwölf aus der Steiermark 1908 S. 42; für einen schlechten Liederkomponisten).

Vertoner (zu der ehrlich gemeinten Verdeutschung „vertonen" für „komponieren").

Konditor (Zuckerbäcker):

Bonbonfritze (Berlin; „Fritze" s. v. w. Verkäufer).

Kanditer (niedd.; mit Anlehnung an „Kandis").

Kuchenfritze (Berlin).

Kuchenprofessor (Studentensprache, nach Kluge seit 1781 gebucht).

Mehlweißken (Berlin, bei Glaßbrenner; eigtl. ein feineres Gebäck; für einen Konditorlehrling).

Süßlehmer (Kundenspr., bei Ostwald; „Lehmer" s. unter Bäcker).

Konkursverwalter:

Leichenkommissarius (Stettin; scherzhaft; eigtl. dortige Berufsbezeichnung für den Leichenbestatter).

Konsul:

Kuckuck (Kundensprache, bei Ostwald; der preußische Wappen-Adler, der auch das Haus eines preußischen Konsuls kennzeichnet und dessen sich dieser zum Stempeln bedient, wird „Kuckuck" gescholten und danach der Konsul selbst).

Kritiker (Rezensent):

Beckmesser (aus Wagners Meistersingern; für einen kleinlichen Kritiker).

Cerberus an den Pforten des literarischen Reichs (Der Geist W. L. Wekhrlins, von Wekhrlin junior [d. i. C. Jul. Weber], 1823 S. 15 wo es heißt: „Recensenten sind die Cerberi an den Pforten des literarischen Reichs, die aber eigentlich blos bellen, selten oder nie beißen, nicht wie die Hunde Actaeons zerreißen, höchstens wie Spitzerl belfern und das Papier herumzausen, stets aber denken sollten, wir geben ihnen ja 3 Köpfe, daß ihre Meinung die Meinung eines Einzelnen sey, die keinen Heller weiter gilt, als die Meinung des vor ihren Richterstuhl gezogenen Autors, wenn sie gleich durch Wir sprechen, wie Große Herren").

Gurgelschneider (W. L. Wekhrlin [† 1792]).

Kritikaster (vgl. J. K. Gf.

Schmidt, Die Kritikasters oder Nachrichter der heutigen gelehrten Welt mit lebendigen Farben geschildert 1746; gebildet nach Poet-aster).

Kritischer Bullenbeißer (Bürger an Boie 10. 5. 1773 in Bürgers sämmtl. Werken IV 1844 S. 235; s. Rezensentenhund).

Literarischer Büttel (W. L. Wekhrlin).

Literarischer Neuntöter (Stinde, Familie Buchholz II 57. A. 1892 S. 13; „Neuntöter" heißt ein Vogel, der kleinere Singvögel tötet, der rotrückige Würger).

Literaturpapst (für einen sich unfehlbar dünkenden Kritiker; vgl. F. Reuter an Ed. Hobein 24. 1. 1861 [W. Meyer, Briefe von Reuter usw. 1909 S. 15] über Claus Groth als Kritiker: „Aber wenn sich Jemand als Pabst auf den plattdeutschen Petrus-Stuhl setzt, dann ist's vorbei").

Lohnkutscheradjunkt des deutschen im Kote steckenden Thespiskarren (so nannte sich M. G. Saphir [† 1858], Lebende Bilder aus meiner Selbstbiographie; für Theaterrezensent).

Merker (urspr. die Kritiker in den Schulen der Meistersinger).

Miesmacher (Rud. Presber im „Frankfurter General-Anzeiger"; zu jüdisch-deutsch „mies"; für e. Theaterkritiker, der ein neues Stück schon vor der ersten Aufführung „schlecht" macht).

Nachrichter usw. s. Kritikaster („Nachrichter" ist d. Scharfrichter; vgl. „hinrichten" für „scharf kritisieren"; ähnlich sprach H. P. Sturz [† 1779] von der „Abdecker-Arbeit" der Rezensenten).

Rezensentenhund (Bürger am Schlusse der Fabel „Der Hund aus der Pfennigschenke", Gedichte S. 140 der Ausg. v. 1860; diese Fabel stammt aus d. Febr. 1776; im März 1774 war zuerst das später „Der Recensent" betitelte Gedicht Goethes mit d. Schluß: „Schlagt ihn todt, den Hund! Es ist ein Recensent" veröffentlicht worden, s. Büchmann, und im Mai 1773 hatte Bürger den Ausdruck „Kritischer Bullenbeißer" [siehe oben] gebraucht; aber schon der Kritiker Kaspar Scioppius [1576—1649] wurde canis grammaticus oder canis criticus gescholten, vgl. Augusti Buchneri Epistolae 1720 p. 798, 811 [beide aus dem Jahre 1647] und Aloys Blumauers [† 1798] Prolog zu Herrn Nicolai's neuester Reisebeschreibung: „Der hochgelehrte Fleischerhund Scioppius biß alles wund, Was er nur wahrgenommen"; — Glaßbrenner spricht 1847 von den „kritischen und philosophischen Möpschen, die alles Populäre anbellen"; — s. a. Cerberus usw.).

Theon (P. Fleming [† 1640], Poet. Wälder III 6 V. 280, Rachels Satiren I 1664 V. 9 u. VIII 1677 V. 38, Grimmelshausens Simplicissimus 1668 III 5; geht zurück auf Horatii Epist. I 18 v. 82).

Zoïlus (eigtl. ein griech. Rhetor um 270 v. Chr., s. Büchmann; für einen schmähsüchtigen Rezensenten).

Außer mit Hunden und dem Neuntöter werden die Kritiker auch mit Fröschen verglichen, z. B. von J. H. Voß, in den Sämmtl. poet. Werken 1850 V S. 174: „Mit schiefem Geifermaul umquackt dich Das Froschgeschwätz der krit'schen Zunft." — Von Ferd. Raimund (s. Litterar. Echo I Sp. 1343) stammt der Ausspruch: „Man soll halt keinen Stand verdammen; es gibt sogar ehrliche Rezensenten!"

Kupferschmied:

Kupferknabe (Kundensprache, bei Ostwald).

Kürschner:

Katzenschinder (Leipzig. Studentensprache, in Lindeners Katziporі 1558, s. Kluge S. 16; vgl. Kattenfiller unter Fleischer).

Katzianer (Ingolstadt, in Widmans Fausthistorie 1599, u. Osnabrück 18. Jahrh., s. Kluges Studentenspr. S. 16 u. 45; vgl. das vorige).

Mottenklopfer (Albrecht, Leipziger Mundart 1881).

Zunäder, Zunäther (ersteres in Hübners Gewerck- u. Handlungs-Lexicon 1755 [zuerst 1712] s. v. Kürschner, letzteres in Krünitz' Encyklopädie XXI 1780 S. 517 Anm.; für einen unzünftigen Kürschner).

Küster:

Appendix sacerdotii (C. Jul. Weber [† 1832], Demokritos XII Kap. 8; „Anhängsel der Geistlichkeit"; vgl. F. Reuter, Läuschen un Rimels I 12 V. 111 f.: „Köster, Köster, sing nich wider, Hürst jo tau de Geistlichkeit!").

Biwelhingst (niedd., Vorpommern, bei Bandlow, Köster Hemp [1899] S. 56; — auch für einen Geistlichen).

Gottswurdhandlanger (niedd., Mecklenburg und Hannover, bei Mi 1876 und Eckart, Stand u. Beruf im Volksmund [1900] S. 103; vgl. „Wort Gottes vom Lande" unter Geistlicher).

Gottswurdnahharker (niedd., Hannover, bei Eckart a. a. O. S. 116).

Herrgottsknecht (Vorpommern).

Klingbüdelrat (niedd., Vorpommern, bei Bandlow a. a. O. S. 69).

Oppermann (Hessen u. Göttingen; nach Kluge, Etymol. Wörterb. s. v. opfern wie dieses aus lat. operari u. eigtl. s. v. w.

Handlanger; nach Schambach, Göttingisch-Grubenhagen'sches Idiotikon 1858 = Opfermann, also der die Opfergaben annimmt, vgl. „Offermann" in ein. Urkunde von Bederkesa [Reg.-Bez. Stade] aus dem J. 1372 im Brem.-niedsächs. Wörterb. VI S. 219 und „Opfer-Mann" in Rehtmeyers Braunschw. Kirchen-Historie bei Frisch II 32, der für seine Zeit „an vielen Orten im Nider-Sächs. Oppermann" bezeugt).

Schwarzgekleideter Subaltern-Beamter Gottes (Glaßbrenner).

Ladenmädchen (Verkäuferin):

Ladenbiene (Soldatensprache, Horn S. 131).

Ladenkönigin (Marggraff, Gebr. Pech 1840 II Inhaltsverz.).

Laden-Lady.

Ladenmamsell.

Ladenschröwken (Münster in Westf.).

Ladentischspringer (E. Georgy, Die Berliner Range II 1900 S. 207).

Mantillenstengel (Leipzig, bei Albrecht; für eine die in einem Modegeschäft zum Anprobieren der Mäntel usw. dient).

Probiermamsell (für eine die in einem Modegeschäft zum Anprobieren von Kleidern dient).

Zuckerkönigin (Marggraff, Gebr. Pech 1840 II S. 9; für eine die in einem Berliner Konditorladen tätig ist).

Landmann:

Ackerpürrick (niedd., Mecklenburg, bei O. Weltzien, Kronika van Swerin 1909 S. 25; „Pürrick" od. „Püddick" bedeutet: Made, Wurm).

Ackerstudent (Studentensprache, nach Kluge 1781 u. 1831 gebucht; auch bei Latendorf, Zu Lauremberg 1875 S. 11).

Ackertrapp (Fastnachtspiele 15. Jahrh.; mhd. trappe d. i. einfältiger Mensch).

Bauer (heutzutage meist in verächtlichem Sinne; — dann übh. für einen ungebildeten Menschen).

Bauernflegel.

Buerknulle (Laurembergs niederd. Scherzgedichte 1652 III V. 408; „Knulle" eigtl. s. v. w. Knaust, grobes Stück).

Dorfjunker (für einen kleinen Gutsbesitzer von Adel).

Dorfsprenze(l) (Jac. Grimm, Reinhart Fuchs 1834 zu V. 1584 ‚sprenzing'; nach ihm s. v. w. „Langbein" von „spranzen, sprenzeln" d. i. mit großen Schritten einherstolzieren).

Dörpdüwel (niedd., Mecklenburg, bei Mi 1876; = Dorfteufel; für einen dummen Dorfbewohner).

Driwachter (niedd., Wismar, bei Wossidlo, Imperativ.

Bildungen 1890 Nr. 1; = „Treibhinten“; für den Wirtschafter der auf dem letzten der Wagen sitzt, die Korn zur Stadt fahren).

Erdäpfelbaron (C. v. Wurzbach, Glimpf u. Schimpf 2. A. 1866 S. 53; „Erdapfel“ s. v. w. Kartoffel; für einen kleinen Gutsbesitzer von Adel).

Feldherr (Berlin; für ein. Studenten der landwirtschaftlich. Hochschule).

Gauhuhn (mhd. göuhuon d. i. Zinshuhn, 12.—13. Jahrh., bei Kluge, Unser Deutsch S. 81; für d. oberösterreich. Landmann).

Gotsche (Gaunersprache, Tetzner s. v. welsch; auch bei J. Scherr, Rosi Zurflüh 1860; verwandt mit dem von Ostwald gebuchten „Gozer, Gehöft“?; dieses könnte von hebr. גוֹ d. i. Zufluchtsort stammen).

Grundgelehrter (Berlin; für einen Studenten der landwirtschaftlichen Hochschule).

Gscharter (Gaunerspr., Tetzner s. v. welsch; vgl. mhd. scharten d. i. schädigen).

Hackenklemmer (niedd., Mecklenburg, bei Wossidlo a. a. O. Nr. 37; = Fersendränger; für einen Wirtschafter, vgl. oben Driwachter).

Haferqueller (Albrecht, Leipziger Mundart 1881; weil d. Landmann angeblich den Hafer vor dem Verkauf naß macht, damit er schwerer wiegt).

Hans Hache (Gaunerspr., Günther S. 83, schon im 16. Jh.; mhd. hache d. i. Bursche, Kerl).

Hans von Rippach (Leipzig, wo es noch heute gebräuchlich ist; bekannt aus Goethes Faust, Scene in Auerbachs Keller; Rippach war die letzte Station auf der Poststraße von Naumburg nach Leipzig, s. Wurzbach a. a. O. S. 53, und galt für eine Art Schilda; für einen prahlerischen, ungebildeten Landmann).

Hauz (Gaunersprache, im Vocabular. des Liber Vagatorum 1512—16 [Weimar. Jahrb. IV S. 97], u. noch in der Kundensprache; Günther S. 50, der als Nebenform „Hutz“ verzeichnet, möchte es mit mhd. hutzel d. i. gedörrte Birne, dann guter aber schwacher Mann zusammenbringen).

Holskenbuer (niedd., Westfalen; = Holzschuhbauer; scherzhaft für einen einfachen, aber vermögenden Bauern; Gegensatz: „Lankstiewel“).

Hopfen (Gaunersprache, Günther S. 67; Tetzner s. v. welsch schreibt „Hopf“).

Hork (Gaunersprache, im Vocabular. des Lib. Vagatorum a. a. O. S. 98 und bei Tetzner s. v. welsch; vgl. mhd. horec = horwec d. i. schmutzig).

Huts(ch)e (Händlersprache in Nordwestfalen um 1510, bei Kluge, Unser Deutsch S. 86; vgl.

mhd. hutschen d. i. schieben, s. a. oben Hauz).

Kaffer (aus der Gaunersprache, nach Kluges Etymolog. Wörterb. seit 1750 bezeugt; zu „Kaff“ aus hebr. כְּפָר d. i. Dorf; — neuerdings übh. für einen ungebildeten, beschränkten Menschen).

Kaffschriwer (niedd., Mecklenburg; wohl nicht zu „Kaff“ s. v. w. Spreu, sondern mit dem vorigen verwandt, s. meine Erläuterungen zu Reuters Stromtid I S. 73; für den jüngsten Wirtschafter).

Kik in 't Kros (niedd., Wossidlo a. a. O. Nr. 173; nach dem Ruf der Meise; mniedd. krôs d. i. Kanne, Krug).

Klut (niedd., Mecklenburg, bei Mi 1876; „Erdkloß, Erdscholle“).

Klutendriwer (niedd., Münster in Westf.; „Erdschollentreiber“).

Klutenpedder (niedd., Mecklenbg.; „Erdschollentreter“).

Klutentramper (niedd., Eilsdorf bei Halberstadt, im Jahrb. d. V. f. niederd. Sprachforschg. 1908 S. 72; „Erdschollentreter“).

Krautjunker (für einen kleinen Gutsbesitzer von Adel).

Krippenreiter (für ein. armen adeligen Landmann, s. Deutsches Wörterbuch).

Landjodel (oberd., Wurzbach a. a. O. S. 188; „Jodel“ soll aus Georg verderbt sein und bedeutet eine lächerliche Person; für einen kleinen Gutsbesitzer von Adel).

Landjunker (für einen Gutsbesitzer von Adel).

Lankstiewel (niedd., Westfalen; scherzhaft für einen feineren Bauern, der lange Stiefel usw. trägt; Gegensatz: Holskenbuer).

Latinsch Buer (niedd.; „De latinsch Buer un sien Nabers“ von dem Holsteiner Angelius Beuthien 1879; für einen Landmann, der lange die hohen Schulen besucht und von da Theorien mitgebracht hat, die sich in der Praxis nicht bewähren; s. meine Erläuterungen zu Reuters Stromtid I S. 80 u. II S. 13 f.).

Mann der Scholle (Zeitungsdeutsch).

Mann (oder: Ritter) von Halm und Ar (scherzhaft für einen Gutsbesitzer; — Caprivi war ein „Mann ohne Halm und Ar“).

Mistbauer.

Mistbreetergesell (Albrecht, Leipziger Mundart 1881; eigtl. der den Mist ausbreiten hilft).

Mistfink (Studentenspr., nach Kluge in Kortums Jobsiade [1784]).

Mistiker (Studentenspr., nach Kluge in O. L. B. Wolffs Naturgesch. des deutsch. Studenten [zuerst 1842]; nach „Mystiker" gebildet; für einen Studenten der Landwirtschaft).

Mistjunker (für einen adligen Gutsbesitzer).

Notleidender Agrarier (ironischer, aus parlamentarischen Kreisen stammender Ausdruck der neuesten Zeit für nur auf ihr Wohl bedachte Rittergutsbesitzer).

Ökonomiker (missingsch, bei F. Reuter; statt „Ökonom").

Pflügedoktor (Eckart, Stand u. Beruf im Volksmund [1900] S. 148; für einen studierten Landmann).

Plattmann (Gaunerspr., Günther S. 77; wohl vom „platten" Lande).

Plögekerl (Lauremberg's niederd. Scherzgedichte 1652 III V. 97; = Pflügekerl).

Pumpernickel (wohl s. v. w. Stinkfritz, s. Kluges Etymolog. Wörterb. 7. Aufl.).

Purrnah (niedd., Mecklenburg, bei Wossidlo a. a. O. Nr. 37; = Stochere-nach; für einen Wirtschafter, vgl. oben Driwachter).

Puttjunker (niedd., bei Mi 1876 u. bei Wurzbach a. a. O. S. 188; für einen „kleinen" Gutsbesitzer von Adel).

Raup (Frischlins Nomenclator bei Frisch II 93, der an Herkunft vom lat. rupex denkt).

Riekel (niedd., Westf.; eigtl. Flegel, unmanierlicher Mensch, vgl. „Bauer-Reckel" bei Matthiae, Lex. germ.-lat. 1748; Frisch II 98 stellt „Reckel" zu „recken" und sagt: „R. wird vermengt mit Räkel ... [von N. Chytraeus 1597 durch canis villaticus erklärt; vgl. altnord. raki d. i. Hund u. franz. racaille d. i. Hundepack], ist ein Schimpf-Wort, homo agrestis, rupex, qui membra sua extendit, ut canes e somno surgentes faciunt).

Ruch, auch Rucht u. Ruoch (Gaunersprache; nach Günther S. 49 von mhd. rûch = rauh, ungebildet; da aber „Ruch" nach Ostwald auch „Wind" bedeutet, könnte auch hebr. רוּחַ zugrunde liegen).

Sandhas' (niedd., Mecklenburg; für einen Wirtschafter).

Schriwer, Schriwerbengel (niedd., Mecklenburg; = „Schreiber" usw.; für einen Wirtschafter).

Sittup Drüttel (niedd., Mecklenburg, bei Wossidlo a. a. O. Nr. 248; bei F. Reuter, Haunefiken heißt so ein alter Rittergutsbesitzer; = „Sitz auf Dritteln", vgl. Reuters Stromtid Kap. 21: „em bölkten de Drüttel ut den Hals'" von einem protzigen Gutsbesitzer, der auf seine vielen ⅔-Taler-Stücke pocht).

Slom (niedd., Mecklenburg; nach Mi 1876 eigtl. ungeschlachter Mensch, dann scherzweise für ein.

jungen Landmann; nach andern bedeutet es Schlemmer).

Spitzkaffer (Baden; = verschmitzter Bauer; mhd. spiz auch s. v. w. spitzig, listig; „Spitzhut" ist die Kopfbedeckung von verschmitzten Leuten, vgl. z. B. Lauremberg's niederd. Scherzgedichte 1652 II V. 599 u. IV V. 37, und wird, nach Braune S. 81, auch für solche Leute selbst gebraucht; über „Kaffer" s. oben).

Stoppelhopser (Mecklenburg).

Strohjunker (Wurzbach a. a. O. S. 188; für einen kleinen Gutsbesitzer von Adel).

Strom (Mecklenburg; Abkürzung von „Stromer", s. unter Handwerker i. allg. b; nach F. Reuters Brief an Julian Schmidt vom 26. 3. 1862 [bei Gaedertz, F. Reuter-Reliquien 1885 S. 129] „Spitzname für Landmann", genauer für Wirtschafter).

Wolkenschieber (Kundensprache, bei Ostwald).

Von den zahlreichen sprichwörtlichen Redensarten möge hier nur angeführt werden: „Bauer — Lauer" (Eckart a. a. O. S. 149). In F. Taubmanns Culex-Ausgabe 1618 S. 54 heißt es: „Der beste Bawer ist ein Lawer. (Excipe meinen Schwager Merta Lawer zu Limmersdorff)", und in Schambachs Göttingisch-Grubenhagen'schem Idiotikon 1858 s. v. lûer: „De bûer is en lûer von natûr. Stikt man 'ne den finger in 't mûl, sau bit he; stikt man 'ne den finger in'n ..., sau ... he". „Lauer", mhd. lûre, bedeutet einen hinterlistigen Menschen; nicht, wie Schambach angibt, einen groben Gesellen, ungeschliffenen Menschen. Vgl. die Redensart aus Münster i. W.: „Buer is 'n Buer, 'n Schelm von Natur".

Laternenanzünder:

Gas-Subalterner (Glaßbrenner).

Kohlenstoffel (Berlin, bei Glaßbrenner).

Reitender Laternansticker (Münster in Westf.; — in der bayr. Soldatensprache wird nach Horn S. 30 der Ulan „reitender Laternenanzünder" genannt).

Unterirdischer Röhrenbeleuchtungsgeselle (Berlin, bei Glaßbrenner).

Lazarettgehilfe:

Bartkratzer (eigtl. für Barbier).

Doktor.

Knochenbrecher.

Lazarettkolben (Württemberg; „Kolben" s. v. w. Arzneiglas).

Leichenheinrich (Sachsen).

Nachtkübel-, Nachttopfschwenker (letzteres auch Gaunersprache, bei Ostwald).

Obermedizinalrat (Bayern; für einen Ober-Lazarettgehilfen).

Pflasterkasten (auch für einen Militärarzt).

Pißpottschwenker (niedd. „Pißpott" = Nachttopf, s. oben).

Schlunzer (Worms; soll urspr. denjenigen bezeichnet haben, der den Lazarettkranken die Schlunz, d. i. die Früh- und Abendsuppe, brachte).

Alle obigen Wörter gehören der Soldatensprache an und sind von Horn S. 126 verzeichnet, wo sich auch noch allgemeinere Ausdrücke finden.

Lehrer:

Abcprofessor (1720, bei Kluge, Studentenspr. S. 12; für einen Hauslehrer).

Arschkepitscher (niedd., bei Eckart, Stand u. Beruf im Volksmund [1900] S. 126; vgl. das folgende).

Arschpauker (Studentensprache, nach Kluge 1825—46 gebucht; auch für Kadettenlehrer nach Horn S. 59; ferner in der Leipziger Mundart bei Albrecht und in der Kundensprache bei Ostwald; s. Pauker).

Bakel (so heißt in Langbeins Gedichten 1788 S. 100 der Dorfschullehrer) u. Baculus (so heißt er in Lortzings Oper „Der Wildschütz") (lat. baculus d. i. Stock).

Bäucker = Pauker, s. da.

Belfer (jüdisch-deutsch, z. B. bei Tetzner s. v. uzen; zusgez. aus „Behelfer", wie Gerzon 1902 S. 84 schreibt; für einen Unterlehrer).

Bildner der Jugend (auch Titel eines Romans von Edw. Stilgebauer 1909).

Billenpaukker (Rachels Satiren 1664 VI V. 395; niedd. „Billen" s. v. w. Hinterbacken, vgl. Lauremberg 1652 IV V. 678: „Ihr [Hochdeutsche] sitzet auff Arsbackn, wy sitten up den Billen"; s. Pauker).

Blaugerber (Vorpommern).

Brotfresser (Schülerspr.; volksetymologisch statt [Gymnasial-] „Professor"; vgl. „er kann mehr als Brot essen").

Direx (Schülersprache; statt [Gymnasial-] Direktor).

Drecktor (statt [Schul-] Direktor; vgl. „dreckig" s. v. w. grob).

Dul(l)goi (Gaunersprache, Günther S. 47; aus hebr. דַּל d. i. arm und גּוֹי d. i. eigtl. Heide, dann Christ; „eine Anspielung auf die meist recht knappe Besoldung der christlichen Volksschullehrer").

Dul(l)meister (Gaunersprache, ebenda; Verunstaltung von „Schulmeister" mit Anlehnung an hebr. דַּל d. i. arm).

Einpauker (H. Wuttke, Jahrbuch der deutschen Universitäten 1842 I S. 427; zu „einpauken" in der Studentensprache

s. v. w. „einlernen, einstudieren“; für einen, bes. juristischen Repetitor — vor allem in Leipzig —, der eigtl. mit den Studenten nur das von ihnen in den Vorlesungen Gehörte „wiederholen“ sollte, meist aber solche, die selten die Vorlesungen besucht haben, zur Prüfung vorbereitet).

Fottenhäuer (Gaunersprache, bei Ostwald; wohl = Pfotenhauer).

Hagseicher (Baden; zu „seichen“ d. i. harnen, vgl. Schiffer; für einen Volksschullehrer).

Hengst (Schülersprache; für einen Gymnasiallehrer).

Hosenpauker (Posen; s. Pauker).

Jünger Pestalozzis (Zeitungsdeutsch).

Kaffer (Schülersprache; s. unter Landmann).

Katechismusknecht (Mecklenburg).

Kathedermann (bes. für Universitäts-Lehrer).

Kessel (eigtl. Stubenhocker; nach Avé-Lallemant, Das deutsche Gaunertum IV 1862 S. 391 liegt hebr. כְּסִיל d. i. [der] Tor zugrunde; vielleicht ist das studentische Schimpfwort „Teekessel“ nur eine Erweiterung dieses „Kessel“).

Kinderohrfeigenverfertiger (Grabbe, Scherz, Satire usw. 1827 I 3).

Kneller (Jüdisch-deutsch; zu „knellen“ = knallen, schlagen, s. Deutsch. Wörterbuch).

Knittelmagister (Grabbe a. a. O. III 1).

Küster.

Lahmmegester (C. Jl. Weber [† 1832], Demokritos VIII Kap. 10; volksetymologisch statt „Ludimagister“).

Lateinische Kindermuhme (Das Reich der Meinungen 1806 S. 115 u. 121; so nannten damals die Bedienten d. Hauslehrer; über „Kindermuhme“ s. unter Dienstmädchen).

Leerer (vgl. die scherzhafte Steigerung: „leer, Lehrer, Oberlehrer“ im Richtigen Berliner 6. A. 1904 s. v. Wohl).

Melommet (Gaunerspr., bei Ostwald; aus hebr. מְלַמֵּד d. i. lehrend, part. Piel von לָמַד d. i. lernen).

Mulscheister (Schülersprache; Vertauschung der Anfangsbuchstaben der beiden Bestandteile von „Schulmeister“, wie „Schinderkule“ für „Kinderschule“; niedd. „Mul“ = Maul).

Orbilius (Rachels Satiren 1664 VI V. 262: „Wo ein Orbilius den Birkken-Zepter führet“; nach Kluge, Studentensprache S. 33 Anm. 2 ist es schon aus dem J. 1654 belegt und findet sich dann bei Stoppe 1728—29, „Orbil“ bei C. Gotth. Müller

1752; Orbilius war ein Lehrer des Horaz, der ihn Epist. II 1 V. 70 plagosum zubenennt).

Pauker (zu „pauken“ s. v. w. prügeln, vgl. die Zusammensetzungen: Arschpauker, Billenpaukker, Hosenpauker, und Fons Latinitatis 1653 p. 530 s. v. plagosus: „in scholis ein Bäucker, der nichts kan als Schilling geben“; nicht, wie Albrecht in der Leipziger Mundart will, zu „pauken“ s. v. w. eine Rede halten, unterrichten).

Pfotenhauer (wurde z. Familiennamen).

Plauderer (Kundenspr., bei Ostwald).

Prügelmeister.

Schachtmeister (niedd., Mecklenburg, bei Mi 1876; „Schacht“, eigtl. = Schaft, s. v. w. Prügel).

Schallerer, Schallers Karl (Kundensprache, bei Ostwald; nach Günther S. 83 zu „schallern“ [zu „schallen“] d. i. singen, also eigtl. für den Kantor; vgl. „Klempners Karl“ für den Gendarm).

Schanzer (Straßburg, bei Laukhard 1792, s. Kluges Studentensprache; vgl. „Schanze“ s. v. w. Studentenbude u. „schanzen“ s. v. w. arbeiten; für Hauslehrer).

Schiffer (Schülersprache; zu „schiffen“ s. v. w. harnen, vgl. Hagseicher).

Schulfuchs (Rachels Satiren 1664 VI V. 394: „Was, ich ein Schulfuchs? ich? Solt' ich die Knaben lehren?“; Richey, Idioticon Hamburgense 1755 leitet den ersten Bestandteil von niedd. „schulen“ ab und erklärt: „lauern, wie ein Fuchs in seinem Loch“; auch nach C. Jul. Weber, Deutschland III 1828 S. 764 stammt das Wort „von schulen, schielen aus der Zeit, wo sie pedantisch hinterm Buche weg auf die Schüler laureten, um mit dem baculo über sie herzufahren“; nach Kluge, Studentensprache S. 51 hat es Steinbach 1725 gebucht als „juvenis qui ex schola in academiam defertur“, also im Sinne des studentischen „Fuchses“; ferner bedeutete es einen pedantischen Gelehrten, siehe unter Gelehrte i. allg.; da wäre denn die Ableitung von „schulen“ nicht ganz von der Hand zu weisen, wenn man an den gleich einem Fuchse lauernden Blick eines unerfahrenen Neulings auf der Universität bzw. im Schulamte oder in einem andern gelehrten Amte denken wollte; noch Ostwald verzeichnet das Wort als der Kundensprache angehörig).

Schulfürst (nach Kluge, Studentensprache S. 33 Anm. 2 aus dem J. 1654 belegt).

Schulmeister (jetzt meist in verächtlichem Sinne gebraucht und von den Lehrern selbst nur als herabsetzende Bezeichnung empfunden; schon J. G. Zeidler [Sieben böse Geister, welche heutiges Tages guten Theils d. Küster, oder so genandte Dorff-Schulmeister regieren 1701] klagt, daß der Lehrer nicht mehr Schulmeister, sondern Schulherr sein wolle, weil das Wort Meister zu sehr an einen Handwerker erinnere und man auch nicht Pfarrmeister, sondern Pfarrherr sage; vgl. auch Frisch 1741 II 232: „nachdem man den Küstern, und die den Bauren-Kindern das Alphabet lehren können, den Titel Schul-Meister gönnen müssen, ist er in den Stadt-Schulen, wo man Latein lehrt, verächtlich worden").

Schulmonarch.

Schultyrann.

Schuster (Horn, Soldatensprache S. 59; für Kadettenlehrer).

Semerist (niedd., Mecklenburg, in Reuters Stromtid Kap. 41; Verunstaltung von „Seminarist"; für einen Hilfslehrer).

Semi-narr-ist (scherzhafte Zerlegung von „Seminarist" mit Anlehnung an lat. semi d. i. halb; — vgl. die komische Ableitung des Wortes seminarium von semi und plenarium [zu plenus], weil man da nur halbsatt werde, in Webers Demokritos XII Kap. 1).

Semmelchrist (volksetymologisch statt „Seminarist"; für einen Volksschullehrer).

Singematz (Der Richtige Berliner; „Matz" eigtl. Kurzform von „Matthias", dann kleines, unbedeutendes Wesen, bes. kleiner Vogel, vgl. „Piepmatz"; für einen Gesanglehrer. Hier möge auch das Sprichwort erwähnt werden: „Singer sind meistens gute Schlinger", lat.: Cantores amant humores [Frisch 1741 II 200]).

Steißklopper (Kundensprache, bei Ostwald).

Teuerste Ding auf dem Dorfe, das (so nannte vor einigen Jahren ein hervorragendes Mitglied des Bundes der Landwirte den Dorfschullehrer).

Vaterunsergeselle, Vaterunsermacher (Kundensprache, bei Ostwald).

Lehrerin:

Jumfernante, Jungfernante (volksetymologisch für „Gouvernante").

Kinnerklöppersch (niedd., Mecklenburg; „Klöppersch" nach Mi 1876 zu „klöppern" d. i. hin und her laufen).

Kloppe (niedd., Münster in Westf.; zu „kloppen" = klopfen, schlagen, aber auch: in die Kirche laufen, woher „Kloppe" auch s. v. w. Betschwester; vgl. das vorige).

Parlewu (Studentenspr., nach Kluge 1749 gebucht und aus

dem J. 1757 belegt; „Mamsell Parlewuh" bei F. Reuter, Läuschen un Rimels I 49 1) V. 54; franz. parlez-vous; für eine französische Erzieherin).

Scholjuffer (niedd., Münster in Westf.; = Schuljungfer; mit „Jungfer" wurde noch um 1840 im Westfälischen die Lehrerin von den Schülerinnen angeredet).

Schulmamsell (mit dem bloßen „Mamsell" wurde noch um 1870 zu Münster in Westf. die Lehrerin von den Schülerinnen angeredet).

Lotteriekollekteur:

Nietenkommissarius (Stinde, Familie Buchholz 78. A. 1894 S. 120).

Nietenmeier (Albrecht, Leipziger Mundart 1881 s. v. Meier).

Lumpensammler(in):

Fleetenkiker (niedd., Hamburg; „Fleete" heißen dort die von der Elbe gespeisten Kanäle, die während der Ebbe teilweise trocken sind; „Fleetenkiker" eigtl. s. v. w. „Fleetschauer", Angestellte die auf den Brücken darüber zu wachen hatten, daß die Fleete nicht durch hineingeworfene Gegenstände verunreinigt wurden).

Goldgräber.

Haderlump (Leipzig, bei Albrecht 1881; schon im Mhd.; — dann übh. für einen liederlich. Menschen), Haderlumpen-Schreyer (Frisch 1741 S. 392 mit der Erklärung: clamare in plateis et vicis ut afferantur lintea lacerata pro vili pretio).

Klüngelkäl (niedd., Dortmund; = „Lumpenkerl").

Lumpenmatz (veralteter Berliner Ausdruck) s. Plundermatz).

Naturforscher (Berliner Ausdruck u. Kundensprache, bei Ostwald).

Penne-Jze (nach dem Richtigen Berliner 6. A. 1904 ein „Weib, das Lumpen aus Müllgruben liest", und auch bloß „Jze"; vgl. „Pennbruder" s. v. w. Landstreicher, s. unter Handwerker i. allg. b; „Jze" scheint nicht zu berlinerischem „izen" d. i. stehlen zu gehören, sondern = rotwelsch „Jsche", hebr. אִשָּׁה d. i. Weib zu sein).

Pludd'nkerl (niedd., Münster in Westf.), Plunnenkerl (niedd., Bremisch-niedersächs. Wörterb. VI 1869 S. 237), Plün'nkirl (niedd., Mecklenburg) („Pludd'n", „Plunnen", „Plün'n" bedeutet Lumpen; in Mecklenburg rufen sie „Knak'n un Plün'n?!").

Plundermatz (Berlin, Frisch II 64 u. bei Glaßbrenner; Frisch führt es als „verächtliche" Benennung unter „Plunder-Mann" an, „der die alten leinenen Lappen für d[illegible]'ier-

Müller sammlet"; nach dem Richtigen Berliner s. v. Lumpenmatz tauschte er von Kindern gegen Bilderchen u. dergl. die Lumpen ein; „Matz" ist Kurzform von „Matthias", hier vielleicht weil er seine Ankunft durch Pfeifen auf einer kleinen Flöte — wie ein Star — verkündete).

Schalehengst, Schaljule (Der Richtige Berliner; zu „schalen" aus hebr. שָׁאַל d. i. durchsuchen).

Makler:

Dremmler (niedd., Mecklenburg; für einen Güter- oder Häusermakler; vgl. Fons Latinitatis 1653 s. v. ambactus: „ein Drempler, welchen man immer auff der Gassen da vnd dort hinauß schickt" mit Reich der Meinungen 1806 S. 128: „Eben so suchen Subcollecteure, Unterhändler, Häusertrödler, und was sie alle für Namen haben mögen, auf Straßen und Gassen ihr Brod und finden es wenigstens eine Zeitlang"; also vielleicht verwandt mit „trampeln" und aus d. Niederländischen; nach Schambachs Göttingisch-Grubenhagenschem Idiotikon 1858 jedoch bedeutet „dremmeln" [= dreîmeln]: zu dick oder zu straff spinnen, und nach dem Richtigen Berliner 6. A. 1904: durch Zureden drängen [vgl. weiter unten Schmuser]).

Güterschlächter (vgl. Cicero, or. pro Roscio Amerino 29, 80: sectores .... bonorum).

Häusertrödler (Reich d. Meinungen a. a. O.).

Schlepper (für einen Vermittler von Börsengeschäften; aus der Gaunersprache, in der es den Zutreiber bei der Bauernfängerei bedeutet).

Schmuser (zu „Schmus" u. dieses von hebr. שְׁמוּעָה d. i. Gerede; also einer der durch betörende Reden jemand in einen unvorteilhaften Handel verwickelt; für einen jüdischen Makler).

Unterkäufler (Frisch 1741 S. 503).

Wurmschneider (Reich der Meinungen 1806 S. 157: „W. sind Leute, welche den Fuhrleuten Ladung verschaffen; sie nehmen vom Centner einen gewissen Rabatt, und scheinen sich dabey wohl zu befinden. Es ist diese Benennung zwar nur ein Spitznamen, woher er aber kommt, dies weiß Niemand zu sagen; ihr eigentlicher Name ist Schaffner!", angeblich ein Citat aus den Schriften von [H. P.] Sturz [† 1779]; da „Wurm" auch eine Pferdekrankheit ist, so könnte die Benennung „Wurmschneider" daher rühren, daß ein solcher Mann mit einem verglichen wird, der durch Befreiung der Pferde vom Wurm gegen ein gutes Honorar die Fuhrleute wieder zur Ausübung ihres Geschäftes instand setzt; oder liegt eine übertragene Bedeutung wie bei „zur Ader lassen“ u. „schröpfen“ im Sinne von „tüchtig zahlen lassen“ zugrunde?).

Siehe auch unter Geldverleiher und unter Getreidehändler!

Maler:

Afmoler (niedd., bei Max Geißler, Das Moordorf 1905 S. 218; = Abmaler).

Anstreicher (in Münster in Westf. die übliche Berufsbezeichnung für den Dekorationsmaler, der dort zugleich Glaser und Tapezierer ist; anderswo, z. B. in Mecklenburg, in verächtlichem Sinne).

Auchmaler (für einen dilettantenhaften Maler).

Dutzendmaler (Jean Paul, Polit. Fastenpredigt. 1817 S. 65).

Façaden-Raphael (M. Kretzer, Großstadtmenschen 1900 S. 99).

Farbenkleckser.

Farwequast (Rheinland; für einen Dekorationsmaler).

Gelbstern (für ein Malfräulein).

Gurkenmaler (Matthiae, Lexicon lat.-germ. 1748 s. v. rhyparographus und Albrecht, Leipziger Mundart 1881; für einen schlechten Maler).

Kimmerlingsmaler (Matthiae l. c.; „Kimmerling“ oder „Küm(m)erling“ aus lat. [cu-]cumer- bedeutet, z. B. in Mittelfranken, die Gurke; für ein. schlechten Maler).

Kitschmaler (zu „Kitsch“, Münchener Künstlerausdruck für unkünstlerische Arbeit, Schund, und dies zu „kitschen“, d. i. nach Schmellers Bayer. Wörterb.: etwas für Geld anbringen, zu Geld machen).

Klack-Schilder (Frisch 1741 II 181: „K. heißt man im Nidersächs. einen schlechten ungeschickten Mahler“; über „Schilder“ heißt es ebenda: „S. werden die Mahler genennet, weil die ersten und meisten Mahler die Schilde bemahlt haben; sie führen auch in ihren Wappen 3 leere Schilde“).

Kleckser („Simon Klecks“ heißt ein schlechter Bildnismaler bei Lessing, Sinngedichte 128; vgl. Farbenkleckser).

Malhuhn (für eine junge Malerin).

Malör (Kundensprache, bei Ostwald; zur Endung vgl. „Kellnör“).

Ölcousine (so wird, nach dem Richtigen Berliner 6. A. 1904, eine junge Malerin von Berufsgenossen, z. B. auf der Kunstakademie, genannt).

Patzer (Wiener Ausdruck, zu „patzen“ = batzen d. i. schlecht machen, schlecht auftragen; vgl. Saphir [† 1858], Die Partie Whist in der Rofranogasse: „Ein ‚Patzer‘ ist ein ‚Genie der Ungeschicklichkeit', er kann alles — verderben, er versteht alles, aber er kann's nicht machen, er mischt sich in alles und ruiniert alles, er greift alles an und verunstaltet es. Er ist ein Patzer, ein Flicker, aber er flickt gerade die ganze Stelle und läßt das Loch daneben ungeflickt. Ein ‚Patzer' in der Malerei braucht alle und dieselben Farben, die ein großer Maler braucht, aber er ‚patzt' sie, er macht rot hochrot, blau himmelblau, grün paperlgrün usw., er malt eine schöne Frau anstatt mit roten Lippen, weißen Wangen und blauen Augen — mit roten Augen, weißen Lippen und blauen Wangen").

Pins(e)ler.

Pinselmann (G. A. Bürger, Gedichte S. 284 der Ausg. v. 1860).

Pinselquäler (Kundensprache, bei Ostwald, Nachtrag; für einen Dekorationsmaler).

Pinseltraktierer (Kundensprache).

Pliesterer (Düsseldorf, bei C. Viebig, Die Wacht am Rhein 1902 Kap. 22; eigtl. der mit Kalkspeise verputzt, s. Deutsches Wörterb. s. v. pleistern; für einen Dekorationsmaler-Lehrling).

Rapin (franz.; für einen schlechten Maler).

Rhyparograph (aus d. Griech., bei Plin. N. H. 35, 10; eigtl. Schmutzmaler).

Schmierlapp (Kundensprache, bei Ostwald, Nachtrag; für einen Dekorationsmaler).

Staketenmaler (eigtl. der nur einen „Lattenzaun" anzustreichen versteht).

Sudler (Rachels Satiren VIII 1677 V. 240 und Matthiae 1748 l. c.; für einen schlechten Maler; — s. a. unter Buchdrucker und unter Koch).

Terpentin-Tante (so wird, nach dem Richtigen Berlin. 6. A. 1904 s. v. Ölkousine, eine ältere Malerin von Berufsgenossen, z. B. auf der Kunstakademie, genannt).

Theater-Raffael (scherzhaft für einen Kulissenmaler).

Maschinenschreiberin (Schreibmaschinistin):

Klapperschlange (nach der vom „Ulk", der humoristisch-satirischen Beilage zum „Berliner Tageblatt", geschaffenen „Frida Klapperschlange").

Tippfräulein, Tippmädel, Tippmamsell, Tipptipp (aus „Typfräulein" usw. [vgl. Steno-typistin d. i. die des Stenographierens und des Maschinenschreibens Kundige] mit Anlehnung an „tippen"; der selten vorkommende Maschinenschreiber wird „Tippsklave" gescholten).

Tipteuse (Hamburg; französiert; s. das vorige).

Mathematiker:

Schwachmatiker (für e. schlechten M., bes. einen Schüler der in der Mathematik wenig leistet, aber auch wohl für einen untüchtigen Fachgelehrten).

Ein altes Sprichwort sagt: Purus mathematicus purus asinus. Vgl. dagegen Novalis d. i. Friedr. Leop. v. Hardenberg († 1801, Schriften hrsgg. v. E. Heilborn 1901 II 223): „Reine Mathematik ist Religion. Die Mathematiker sind die einzig glücklichen" usw.

Maurer:

Dreckschwalbe (Gaunersprache, Günther S. 69; daraus weit verbreitet; niedd. „Dreckswælk"; vgl. Murswælk und Steinschwalbe; „Schwalbenschnabel" bedeutet nach Ostwald in der Gaunerspr. den Maurerhammer).

Kaumer (Gaunersprache, Tetzner s. v. welsch; aus hebr. חֹמֶר? d. i. Lehm, Kot).

Klamottenschmeißer (so nennen, nach dem Richtigen Berliner 6. A. 1904, die Maurer den Handlanger; „Klamotte" bedeutet einen zerbrochenen Mauerstein).

Kletker (niedd., Münster in Westf.; zu „kletken" d. i. Mörtel anwerfen).

Klitscher, Klitschmaier (Leipzig, bei Albrecht; zu „klitschen" d. i. Mörtel anwerfen; „Maier" aus „Mäuerer", der älteren Nebenform von „Maurer").

Kotlerche (Kundensprache, bei Ostwald).

Lehmklicker (Lauremberg's niedd. Scherzgedichte 1652 I V. 20), Leim-Kläcker (Frisch 1741 S. 517) (vgl. Kletker u. Klitscher).

Lückenbüßer (eigtl. der die Lücken ausbessert).

Malvasier (Kundensprch., bei Ostwald; „da sie sich bei der Arbeit viel Zeit lassen und der teure Malvasier nach Kundensage aus ihren Schweißtropfen destilliert wird"; siehe unten!).

Maurerrindvieh (F. Latendorf, Zu Lauremberg's Scherzgedichten 1875 S. 11; in Verbindung mit „Zimmerochse").

Mörtelbube, Mörtelknecht (oberd., letzteres b. Frisch S. 670, der eine Straßburger Polizeiordnung von 1628 zitiert) (eigtl. der Kalk u. Sand zu Mörtel mischt; für einen Maurerhandlanger).

Murerhandlungsdeiner (niedd., Mecklenburg; für einen Maurerhandlanger).

Mürken (niedd., Münster in Westf.; eigtl. „kleine Mauer"; so sagt auch der Berliner „Mauer" statt „Maurer"; — anders in Schambachs Göttingisch-Grubenhagenschem Idiotikon 1858 „Müerker" zu „müerken" d. i. mauern).

Murswælk (niedd., Mecklenburg; s. Dreckschwalbe).

Pfleges-Mann (Frisch II 55, der Staphorsts Hamburgische Kirchen-Historie zitiert; für einen Maurerhandlanger).

Scharwerker (eigtl. Fronarbeiter — zu mhd. scharwërc —, bes. Hofgänger auf dem Lande; dann für einen Maurer oder Zimmermann, der ohne abgelegte Meisterprüfung auf eigene Rechnung arbeitet; vgl. Frisch II 164, der „Scharwerken" erklärt: „wann sie keinen rechten Bau haben, sondern nur Flick- und Neben-Arbeit thun").

Speis'bub' (oberd., „Speise" s. v. w. Mörtel; für einen Maurerhandlanger).

Steinschwalbe (Kundensprache, bei Ostwald; vgl. Dreckschwalbe; für einen M. der vom Lande zugereist ist).

Nach Abr. a S. Clara gibt es nicht wenig „faule" Maurer (Etwas für Alle 1699 S. 539) und Zimmerleute, die da glauben, ein Wunder getan zu haben, wenn sie „in einem halben Tag zwei Löcher bohren" (Abrahamisches Gehab dich wohl 1729). Bei Weisflog, Phantasiestücke u. Historien (zuerst 1824 ff.), IV S. 18 der Ausg. v. 1839, fragt Petrus vor der Himmelstür den Maurer: „Wenn Du auf dem Gerüste standst, was galt der Tropfen von Deinem Schweiße?", worauf der M. errötend antwortet: „Einen Dukaten", und S. 20 nennt ihn Petrus einen „Faulpelz". Und als der Berliner Komponist Zelter, der bekanntlich von Haus aus Maurermeister war, im Sterben lag (1832), soll er dem Arzte, der ihn auf den sich einstellenden Schweiß als ein gutes Zeichen aufmerksam machte, geantwortet haben: „Schweiß? den sehn Se sich orntlich an; Mauerschweiß kost 'n Dukaten der Droppen!" (Der Richtige Berliner 6. A. 1904 s. v. Mauerschweiß). Man sagt auch: „Ein Tropfen Mauerschweiß kostet einen Taler" (Eckart, Stand u. Beruf im Volksmund [1900] S. 194), in Mecklenburg: „Murerswæit is dür, kost dei Druppen ein'n Dahler" (dieses auch von dem Schäfer, vgl. noch „Bauernschweiß und Märzenstaub sind teure Ware" bei Eckart S. 161). Näher ausgeführt wird die Faulheit der Maurer in einem Spruche, der in Mecklenburg lautet: „Ein Stun'n meten sei, ein Stun'n eten sei, ein Stun'n pinken [d. i. mit dem Hammer an die Steine schlagen] sei, ein Stun'n drinken sei, ein Stun'n muren sei, ein Stun'n luren sei, ein Stun'n roken sei 'ne Pip Toback; so vergeiht dei ganze Dag" (ähnlich, aber nicht so vollständig bei Eckart S. 193). Deswegen werden sie „Laurer", d. h. Zuwartende, Zauderer, genannt: „Der Zimmermann vnd Maurer sind beyde rechte Laurer. Eh sie essen, messen, stehen vnd sich besinnen, so ist Zeit vnd der Tag von hinnen" (Lehmans Florileg. Politic. aut. 1662 S. 396) und: „Mauerleut' sind Lauerleut'" usw. (s. unter Dachdecker). Weil sie viel Zeit gebrauchen, um ihre Pfeife Tabak in Brand zu setzen, heißt es: „Mauermanns Schwamm brennt nicht" (Eckart S. 193). Die „Maurerprise" soll beinahe den ganzen Vormittag ausfüllen. Berüchtigt ist auch die „Maurerpünktlichkeit", mit der sie aufhören zu arbeiten, wenn es Feierabend ist. Dann rufen sie (nach dem Richtigen Berliner): „Fufzehn!" (s. v. w. „Fertig!" vom Würfelspiel?; wahrscheinlicher desselben Ursprungs wie die Hamburger

Redensart „hei makt föfteihn", d. h. er ist ausgetreten [zur Erleichterung des Körpers], da zu diesem Zwecke eine Pause von höchstens 15 Minuten erlaubt war). „Wann" aber „ein Maurer oder Zimmermann sich zu todt arbeitet, so führet sie der Teuffel in die underste Höll, da das Feuer am heisten ist" (Florileg. a. a. O.).

Milchmann, Milchmädchen:

Bolle, Bimmelbolle, Klingelbolle (Berlin; nach dem Großmilchhändler Bolle, dessen Wagen sich durch Klingeln bemerkbar machen).

Bollemeechen (ebenda; „Meechen" = Mädchen).

Monteur (im elektrischen Betrieb):

Strippenzieher (Der Richtige Berliner 6. A. 1904; „Strippe" eigtl. Bindfaden).

Mühlenbauer:

Mühlarzt (mittelrhein.; scheint nicht mit lat. artista d. i. Künstler zusammenzuhangen, sondern zuerst spott- oder scherzweise gebraucht worden zu sein, vgl. Adr. Beiers Handwercks-Lexicon 1722 S. 288: „Mühl-Artzt. Ist ein fremder Müller, oder Knappe, welcher, wann der Müller oder Mühl-Herr nicht helffen kan, bauen muß").

Müller:

Fierburß (niedd., Mecklenburg; s. unter Handwerker i. allg. b; für einen reisenden Müller, denn „das Wandern ist des Müllers Lust" [Wilh. Müller, † 1827]; gegen solche „muthwillige umlauffende Mühl-Knappen, die keinem Meister um einen gebührlichen und ziemlichen Lohn dienen wollen", wurden Bestimmungen getroffen in den kursächs. Mühlenordnungen von 1653 u. 1668, s. Zinckes Oeconomisches Lexicon 3. A. 1753 (Sp. 1960).

Hochschütz (Kundensprache, bei Ostwald; über „Schütz" s. Löbenschütz unter Bäcker; für einen Windmüller).

Huschütz (Kundensprache, b. Ostwald; für einen Wassermüller).

Klapperbursch (C. R. Gehre [Charles Rocco], Allerhand Gereimtes 1907 S. 64; s. das folgende; für einen Müllergesellen).

Klapperschütz (Kundensprache bei Ostwald; „Klapper" s. v. w. Mühle; s. Hochschütz).

Klei(en)kam (niedd., bei Schambach, Göttingisch-Grubenhagensches Idiotikon 1858; „Kleien" heißen nach Zinckes Oeconom. Lex. Sp. 1429 „die klein gemahlenen und vermittelst des Beutels von dem Mehl abgesonderten Bälge des Getraides, . . . welche man nebst dem Mehle aus der Mühle zurück bekommen muß"; vgl. Laurembergs niedd. Scherzgedichte 1652 I V. 153, wo dem Müller vorgeworfen wird: „Du nimst dat beste Mehl, de Buer beholt de Klie"; „Kam"

= Kamm eigtl. s. v. w. Zahn an einem Mühlrad?; — auch zum Familiennamen geworden).

Mehlhose (vgl. Adr. Beiers Handwercks-Lexicon 1722 S. 300: „Müllers-Kleid. Ist eine Redens-Art von einem beständig unsauberen Kleide, dergleichen wohl nirgends, weder bey denen Müllern gewisser anzutreffen, weil sie die Mühle selbst gerne stäubig sehen, und sie sich wohl ausklopfen, dennoch von allem Anrühren die Wahrzeichen stehen bleiben ... Und obschon Meister und Gesellen sich eine andere Art von Kleidung mit Ablegung der Schurtz-Felle angenommen: Seynd sie doch in Churfürst Johann Georgens zu Sachsen Mühl-Ordn.... im Jahr 1661 ... zu ihrem vorigen habit angewiesen worden", und Fons Latinitatis 1653 p. 94 „Pluder- oder Müller-Hosen, die vmb die Schenckel herumb pludern"; — zum Familiennamen geworden).

Mehlsack.

Mehlwurm (auch Schelte für den Bäcker).

Racheimer (Gaunersprch., Tetzner s. v. welsch; zu hebr. רֵחַיִם? d. i. Handmühle).

Roller (Kundensprache, bei Ostwald; zu „Rolle" s. v. w. Mühle; für einen Windmüller; — „Roller" früher s. v. w. Fuhrmann).

Rollfetzer (Gaunersprch., Günther S. 34; als „Rolvetzer" schon im Vocabular. des Lib. Vagatorum 1512—16 [Weimar. Jahrb. IV S. 100]; „Fetzer" zu „fetzen" aus facere d. i. besorgen).

Rollo (Gaunersprache, Günther S. 39; dasselbe wie „Roller" mit italien. Endung).

Rollschütz (Gaunersprache, Günther S. 93; s. Hochschütz; vgl. auch „Rollespieß" für Mühle, bei Ostwald).

Stöber (Gaunerspr., Tetzner s. v. welsch; aus dem Niederd.; = Stäuber, Staubmacher).

Stopp in Sack (Wossidlo, Imperativ. Bildungen im Niedd. 1890 Nr. 214; so heißt der Müller im Volkslied).

Witte Hoet (niedd., Lauremberg I V. 151; = weißer Hut, d. h. mehlbestäubter H., vgl. ebenda V. 352 „witte Flö" = [mehl]weiße Flöhe = Müllerflöhe [Soldatensprache, Horn S. 106 und Deutsches Wörterbuch] d. i. Läuse).

Die Müller galten von jeher für diebisch. Das Märchen vom Zaunkönig (Brüder Grimm, Kinder- u. Hausmärchen Nr. 171) fängt also an: „In den alten Zeiten da hatte jeder Klang noch Sinn und Bedeutung. ... Fing das Räderwerk der Mühle an zu klappern, so sprach es: ‚Help, Herr Gott! Help, Herr Gott!', und war der Müller ein Betrüger und ließ die Mühle an, so sprach sie hochdeutsch und fragte erst langsam: ‚Wer ist da? Wer ist da?', dann antwortete sie schnell: ‚Der Müller! Der Müller!' und endlich ganz geschwind: ‚Stiehlt tapfer, stiehlt tapfer, vom Achtel drei Sechter‘ [nach anderen: ‚vom Viertel drei Metzen]". Die Frage: „Warum baut der Storch nicht auf eine Mühle?" mit der Antwort: „Weil er Angst hat, daß der Müller ihm die Eier stiehlt" findet sich schon in der Straßburger Rätselsammlung vom Jahre 1505 (neu hrsgg. von Butsch 1876) Nr. 236 (niederdeutsch bei Wossidlo, Mecklenburgische Volksüberlieferungen I 1897 Nr. 755; s. a. weiter unten). In einem alten Volksliede aus Schweinfurt (bei Ditfurth, Volks- u. Gesellschaftslieder des 16., 17. u. 18. Jahrh. 1875 S. 117 f.) reißt einem Müller der von ihm bestohlene Bauer ein Ohr ab und nagelt es ans Tor;

„Den Müller rufet seit der Zeit
Im ganzen Lande weit und breit:
‚Einohr‘ der Buben Rotte."

Bei Lauremberg (Niederdeutsche Scherzgedichte 1652 I V. 151 ff.) verhöhnt der Schuster den Müller mit den Worten:

„Sü dar, Herr witte hoet, dyn Rat lestu nicht rasten,
Du kanst so meisterlick deep in de Secke tasten,
Du nimst dat beste Mehl, de Buer beholt de Klie.
By andern is idt schand, by di is stehlen frie."

Bei Schuppius (Schriften 1663 S. 114) heißt es: „... wie dann die Müller gemeiniglich Diebe sind", und bei Rachel (Satiren 1664 VI V. 589 f.):

„So viel als Löcher sind in einem härnen Siebe,
Als Schneider zu Paris, als auff der Mülen Diebe",

nämlich die Müller selbst. Woher sonst auch wohl die Verpflichtung der Müller, ihren Mahlgästen zu Ostern 30 Eier, zu Weihnachten „Schilling Pfennig", zu Fastnacht Hühner zu geben? (So in der Ravensburger Müllerordnung aus dem 14. Jahrh., bei Birlinger, Volksthümliches aus Schwaben 1862 II 205.)

Ausführlich beschäftigt sich Abraham a Santa Clara (Etwas für Alle 1699 S. 584 f.) mit den diebischen Müllern: „Samson [der nach seiner Blendung in der Mühle mahlen mußte] hat seine Stärcke in den Haaren gehabt, aber mancher Müller hat seine Stärcke in den Händen, und greifft so starck in frembdes Meel. ... In Schottland ist noch auf diese Zeit eine Mühl, so einmahl dem heiligen Fridiano zugehörig gewest, auch noch den Namen von ihm hat, diese hat durch Göttliche Eigenschafft, daß sie auf keine Weiß das gestohlene Getraid thut mahlen, die ist ja wohl eine gute Mühl, weil sie dem Diebstahl so feind und auffsätzig ist; es wäre zu wünschen, daß alle Mühlen also beschaffen wären, aber man trifft zuweilen eine Mühl an, wo allenthalben ein Greiff gemahlen; darum jener nicht ungereimt geredt, da er gesagt, man werde niemahlen auf einer Mühl ein Storchen-Nest sehen, ungeacht diese Vögel sich gern bey dem Wasser aufhalten, und seye die Ursach, weilen die alten Storchen förchten, der Müller möchte ihnen die Jungen stehlen." Adrian Beier spricht in seinem Handwerkslexikon 1722 von „Müller-Fündgen" (S. 125) oder „Müller-Fintchen" (S. 66) und: „worbey sich die Müller abermahl einen Vorthel abgesehen" (S. 125). Aus dem 18. Jahrhundert stammt auch „Der betrügliche Müller". Von sprichwörtlichen Redensarten seien noch angeführt: „In der Mühle ist das beste, daß die Säcke nicht reden" (C. J. Weber, Demokritos XI Kap. 13; vgl. Lehmans Florilegium Politicum auctum 1662 S. 137: „Einer sagt zum Müller, in der Mühlen were diß das best daß die Säck nicht köndten ruffen, O Dieb, O Dieb, drauff antwort der Müller, die Säck hetten nicht Vrsach dazu, er pflegte jhnen zu pfeiffen, vnd sie frölich zu machen, welcher Sack aber nicht nach seiner Pfeiff wol tantzen, der müste zur Straff sich besser multeren [d. h. den Mahllohn nehmen] lassen"), „Mühlmahler, Roggenstahler" (Eckart, Stand u. Beruf im Volksmund S. 194), „De Müller stellt de Möhlen klipp de klapp, hei stält ut allen Säcken wat" (Eckart S. 195), „Der Müller hat die fettsten Schwein', die im ganzen Lande sein; das machen der Bauern Säck' allein" (Eckart S. 195), „Der Müller hat nur ein Glied das ehrlich ist" (niederdeutsch bei Eckart S. 195 und bei Wossidlo a. a. O. Nr. 657; gemeint ist der Daumen, „womit", wie es im mecklenburgischen Sprichwort erklärend heißt, „hei in de Matt [d. i. Metze] 'rinfött", oder der nach der gewöhnlichen Erklärung „beim Anfassen des Mühlenkopfes innerhalb desselben ist"), „Müllers Kind macht, wenn es geboren wird, schon krumme Finger" (Eckart S. 196; vgl. des Mecklenburgers F. Cammin „Regen un Sünnenschin" 1902 S. 81:

„Dei Möller is jo von Geburt all en Deiw—
Dei Gör'n ward'n impt mit Katerblaud,
Dormit sei nahst känen musen gaud").

Ironisch heißt es im Sprichwort: „Der Müller stiehlt net, jeder sagt zu ihm: Nimm meins zuerst!" (Eckart S. 195) und: „Die Müller vnd Becker stehlen nicht, sondern man bringts jhnen" (Florilegium S. 138). Müller und Bäcker faßt auch Nikodemus Frischlin 1590 (Inhalt des III. Aktes der ersten Komödie von Joseph, in der Ausg. von Dav. Fr. Strauß 1857 S. 71) zusammen:

„Von Müllern und von Becken viel
Gehandelt wird in diesem Spiel,.
Wie sie die Säck' verschäumen künden,
Was nit verlorn, sie dannoch finden,
Die stillen Wasser sehr tief gründen,"

und im Florilegium S. 394 heißt es: „Müller vnd Becker seyn die letzten vnter den Handwerckern, die Hungers sterben." Sonst werden die Müller im Sprichwort mit den Schneidern und den Webern zusammengefaßt: „100 Schneider, 100 Müller und 100 Weber sind zusammen 300 Diebe" (bei Eckart S. 206; ebenda S. 197 lauten die Zahlen 10 u. 30), „Die Müller, Schneider und Weber werden nicht gehenkt, das Handwerk ging sonst aus" (vgl. Eckart S. 194) und: „Der Müller mit der Metze, der Weber mit der Krätze[1]), der Schneider mit der Scher', wo kommen die drei Diebe her?" (C. J. Weber a. a. O.; niederd. bei Eckart S. 195: „De Müller mit sin Müllfatt, de Weber mit sin Spolrad, de Snider mit sin Snippelscher, dar kamen all dre Defen her"), auch erweitert: „der Bäcker mit der Bretze[2]), wo kommen die vier Diebe her?" Auf jenes Kleeblatt nimmt Weisflog (Phantasiestücke u. Historien [zuerst 1824 ff.] XII S. 214 der

[1]) = Kratze, Kratzkamm.
[2]) = Bretzel.

Ausgabe von 1839) Bezug in seinem Liede „Müllerlob", dessen letzte Strophe lautet:

„Das Verdienst zwar nach altem wie neuem Geschmack
Hat gefunden stets Hasser und Neider;
Doch steckt ihr zusammen in einen Sack
Den Müller, den Weber, den Schneider,
Und kollert den Sack bergab und bergan,
So liegt stets unten ein — ehrlicher Mann",

womit sich der Dichter zugleich gegen das Sprichwort wendet: „Wamme twei Müelers in einen Sack sticket un tummelt se den Barg heruner, dann is ümmer en Schelm boewen" (Eckart S. 196). Auch C. J. Weber hat für die Müller etwas übrig, wenn er a. a. O. sagt: „Ich kenne einmal keinen armen Müller, die meist auch schöne Müllerinnen haben, und sie verdienen beides, denn kein Handwerk muß so viel wachen, und da niemand mehr auf gewisse Höflichkeiten sieht als der Bauer, so sind Müller gewöhnlich höflich."

Musikant:

Bergmann (in Leipzig hießen früher, nach Albrecht, die Meßmusikanten „Bergleute", und in Preußen sagt man, nach dems., auch: „Da liegt ein Bergmännchen begraben" für: „Da liegt ein Musikant begraben", wenn einer auf ebener Erde stolpert; vgl. Hübners Gewerck- u. Handlungs-Lexicon 1755 s. v. Berg-Sänger: „B.-S. sind die Musicanten unter den Bergleuten, deren ärgerliche und schandbare Gesänge, welche einige derselben, (wenn sie auf Messen und Jahrmärckten, oder bey vornehmen Herren sich einfinden), von sich hören lassen, eine hohe Landes-Obrigkeit und löbliches Berg-Amt billig abschaffen solte, weil ausser dem, daß es dem Christenthum eine schlechte Ehre ist, solche Greuel unter sich zu dulten, auch der Segen Gottes an den Bergwercken guten Theils dieser und anderer Ursache wegen hinterhalten, ja offtmahls gar entzogen wird; daneben den sonst frommen, und bey ihrer gefährlichen Profeßion gottseligen Bergleuten eine Schande zugezogen wird, als wenn unter ihnen solche schandbare Zoten und Possen getrieben und beliebet würden").

Bierfiedler (eigtl. der z. Bier aufspielt, schon bei Frisch 1741 S. 265).

Blechpuster (Berlin), Bleckpuster (niedd., Mecklenburg) („pusten" d. i. blasen; für einen Trompeter).

Brätißgeiger (schwäbisch), Bratlgeiger (altbayrisch) (eigtl. der zum Bratenmahle aufspielt).

Fiedler (schon Frisch a. a. O. bezeichnet es als „vulg. und spöttlich").

Fuldauer (Münster in W.; für Straßenmusikant; in Fulda

werden Blasinstrumente fabriziert).

Geigenkratzer.

Harfenjule (Berlin; für eine Harfenspielerin).

Haustaube (1623, in Adr. Beiers Handwercks-Lexicon 1722 S. 182; so schelten „die Hof- und Feld-Trompeter, als freye Feld-Tauben, die Stadt-Trompeter, so gemeiniglich auf denen Kirch-Thürmen, wie die Hauß-Tauben auf einem Puhl worauf ein geflochten Gehäuß uf einem Rad stehet, wohnen müssen"; nach Kluge, Studentenspr. S. 124 hießen die Stadtmusikanten 1744 „Hausleute").

Klesmer (Gaunersprache, Tetzner s. v. welsch; vgl. „Klais" zu „gleißen", wegen des „glänzenden" Bleches?).

Klinger (Gaunerspr., Tetzner s. v. welsch; für einen Orgeldreher).

Klingfetzer (Gaunerspr., Stumme S. 15 u. Günther S. 34; „Klingenfetzerin" durch „Leierin" erklärt im Vocabular. des Liber Vagator. 1512—16 [Weimar. Jahrb. IV S. 98]; „Fetzer" wird mit lat. facere d. i. machen zusammengebracht).

Kroegfidler (Laurembergs niedd. Scherzgedichte 1652 III V. 448; eigtl. der in einem „Krug" d. i. einer Dorfschenke aufspielt).

Kußmant (Mecklenburg; Umstellung der Anfangsbuchstab. der Silben von niedd. „Mußkant").

Lehmgeiger (Kundenspr., bei Ostwald; = der ums Brot — „Lehm" aus hebr. לֶחֶם — geigt; für einen Bettelmusikant.).

Leierkästner (Glaßbrenner; für einen Orgeldreher).

Lir'ndreiher (niedd., Mecklenburg; vgl. mhd. lîre = Leier, die auch gedreht wurde, s. Kluges Etymolog. Wörterb., und „Leierkasten"; für einen Orgeldreher).

Meister der Töne (im Zeitungsdeutsch z. B. für einen Violinvirtuosen; vgl. „Arion war der Töne Meister").

Plenner (Kundensprache, bei Ostwald; = Flenner [d. i. Heuler]?; für einen Bettelmusikanten).

Prager (eigtl. aus Prag in Böhmen; für einen umherziehenden Musikanten; mit Anlehnung an „Prager [Musikant]" soll nach einigen niedd. „Pracher" für den berufsmäßigen Bettler gebildet sein).

Scheer-Geiger (Frisch 1741 S. 335 setzt „Bier-Fiedler" daneben u. erklärt es durch pandurista mercenarius; Matthiae, Manuale lex. lat.-germ. 1748 s. v. rasor erklärt: „der nur ein Geschabe und Gekratze auf den Saiten mit dem Fidel-Bogen macht").

Schwager (Studentenspr.,

nach Kluge 1744 belegt; für einen Dorfmusikanten).

Taktphilister (Stoppens Teutsche Gedichte I 1728, s. Kluge, Studentensprache S. 14).

Tuter (niedd., Mecklenburg; zu „tuten" d. i. auf einem Horn oder einer Trompete blasen, auch s. v. w. saufen!).

Werkelmann (Österreich; für einen Orgeldreher).

Winsler (Gaunersprache, Tetzner s. v. welsch; für einen Geiger).

Der Berliner unterscheidet zwischen Musiker: der im Tingeltangel oder zum Tanz aufspielt, Músiker: der in Konzerten mitwirkt, und Musikus: Virtuose.

Siehe auch unter Klavierspieler!

Abraham a Santa Clara (Etwas für Alle 1699 S. 193) gedenkt des „übermässigen Sauffens" der Musikanten, und Geibel (Lob der edlen Musika 1843) singt: „Eine Musikantenkehle, die ist als wie ein Loch", vgl. „Musikantenkehle ist eine tiefe Höhle" (Eckart S. 83). Über das geflügelte Wort „Gute Leute und schlechte Musikanten" siehe Büchmann.

Nachtwächter:

Bolutschero (Gaunersprache, bei Ostwald).

Eule (Gaunersprache, Günther S. 68, u. bei Ostwald; da er wie dieser Vogel die Nacht zum Tage macht).

Fichtschmierer (Gaunersprache, Günther S. 65, u. bei Ostwald; „Fichte" s. v. w. Nacht; „Schmierer" zu „Schmiere" aus neuhebr. שְׁמִירָה d. i. Wache).

Holunk (früher in Schlesien, s. Kluges Etymolog. Wörterb. 7. Aufl. s. v. Halunke).

Hornis (Glaßbrenner; weil er mit seiner Knarre schnurrt wie eine „Wespe").

Lampe (Gaunersprache, bei Ostwald; für den beim Einbruch störenden Wächter).

Leileschien (Gaunerspr., bei Ostwald; „Leile" aus hebr. לַיְלָה d. i. Nacht; „Schien" s. unter Gefangenwärter).

Michel (in der Leipziger Redensart: „Da gannste warten, bis M. dutt [d. i. bläst]" d. h. sehr lange).

Nachtap (niedd., Mecklenburg), Nachteule (Gaunersprache, bei Ostwald; vgl. Eule), Nachtochse (Studentenspr.), Nachtrat (Berlin), Nachtratte („Ratte" bedeutet in der Gaunersprache s. v. w. Nacht; es stammt aus der Zigeunersprache, s. Stumme S. 11 u. 19), Nachtuhl (niedd., Mecklenburg; = Nachteule).

Pelzvogel (Glaßbrenner; „Pelz" wegen der Bekleidung; zu „Vogel" vgl. oben Eule).

Rasselwächter (Frisch 1741 II 88; „Rassel" d. i. Knarre, vgl. Schnurre).

Schammer (Gaunersprch., Tetzner s. v. welsch; aus hebr. שֹׁמֵר d. i. Wächter).

Schimmermann und Schmiermann (Gaunersprache, Günther S. 77, u. bei Ostwald; zu „Schmiere" aus neuhebr. שְׁמִירָה d. i. Wache).

Schnurre (Studentenspr., s. Kluge S. 17 u. 123; nach der Knarre, mit der er schnurrte; — auch für Polizist).

Tüt (Albrecht, Leipzig. Mundart; zu „tuten" d. i. blasen; für den ehemaligen, mit Horn oder Pfeife versehenen Nachtwächter in Leipzig).

Uhl (niedd., Hamburg; = Eule, s. d.).

Nadler:

Schafdieb (so wurde der Stecknadler von dem Nadler gescholten, s. Adr. Beiers Handwercks-Lexicon 1722 S. 361).

Nagelschmied:

Pinnenschiter u. Pinnensmitt (niedd., Mecklenburg; „Pinn" s. v. w. kleiner Nagel).

Spitzflammer (Kundensprache, bei Ostwald; „Flammer" s. v. w. Schmied).

Zweckenkonditor (Kundensprache, bei Ostwald).

Näherin:

Gräfin von der Nadel („Die G. v. d. N." ist Titel eines Romans von Hans Wachenhusen 1863).

Nähflöte („Flöte" allein bedeutet Dienstmädchen).

Nähfussel (Der Richtige Berliner 6. A. 1904 s. v. Nehmamsell; „Fussel" s. v. w. Fädchen; vgl. Putzfussel unter Putzmacherin).

Nähmamsell.

Nähspuz (Albrecht, Leipziger Mundart 1881; „Spuz" eigtl. kleiner Mensch, dann Frauenzimmer übh.).

Neiersche (niedd., schon bei Lauremberg 1652 II V. 603).

Neihfiken (niedd., Mecklenburg; „Fiken" ist Kurz- u. Verkleinerungsform von „Sophie", einem häufigen Vornamen dortzulande).

Prünmamsell (niedd.; zu „prünen" d. i. gleichsam mit dem Pfriem nähen; für eine schlechte N.).

Naturforscher:

Biesterolog (Herm. Landois [† 1905], Autobiogr. S. 94; zu niedd. „Biest" aus lat. bestia; für einen Zoologen).

Naturfusker (niederd., Münster in Westf.; „Fusker" = Pfuscher).

Zotolog („Zotologie" schon bei Laukhard, s. Kluges Studentensprache; für einen Zoologen).

Obsthändlerin:

Appelhækersch (niedd., Mecklbg.; s. Höker unter Kaufm.).

Appeltiewe (niedd., Münster in Westf.; „Tiewe" d. i. heiße

Hündin, vgl. unter Freudenmädchen).

Gevatterin (Hallische Studentensprache seit 1749, s. Kluge).

Höfersche (früher in Berlin; vgl. Appelhækersch).

Offizier:

Baraquenfuchs (Mich. Richey [† 1761], Gedichte I 1764 S. 218).

Herr vom Säbel.

Kaldaunenschlucker (Der Richtige Berliner 6. A. 1904; für einen Kadetten).

Lefze (Baden; oberd. = Lippe; für einen Leutnant).

Leichnam (nach Kluge, Studentensprache seit 1846 gebucht; bei Glaßbrenner „Jardeleichnam").

O pecus decus (C. J. Weber [† 1832], Demokritos XI Kap. 23; scherzhafte lat. Übersetzung von „Offizier", zerlegt in „o-Vieh-Zier").

Palmer (Kundensprache, bei Ostwald; vgl. neuhebr. פַּלְמַ־ [in Zusammensetzungen] aus griech. πόλεμος d. i. Krieg; — auch für Soldat, bes. Schildwache).

Portmanneefähnrich (Berlin; Horn S. 56 hat „Portemonnaieheinrich"; für Portepeefähnrich).

Die der Soldatensprache angehörigen Schimpf- und Scherzbenennungen für Offiziere findet man bei P. Horn, Die deutsche Soldatensprache 1899 S. 51. 53 f. 55 ff. u. 140, wo obige Ausdrücke nicht angeführt sind.

Optiker:

Brillenmacher (heute mehr verächtlich, früher Berufsbezeichnung).

Opti-kiker (Der Richtige Berliner 6. A. 1904; mit Anlehnung an „kiken" = gucken).

Pedell (Universitätsdiener):

Polise (Studentenspr., nach Kluge 1846 gebucht; sonst für Polizist).

Pudel (Studentensprache, in C. J. Webers [† 1832] Demokritos XI Kap. 23; nach Kluge seit 1822 gebucht und bei Heine III 16).

Pfandleiher:

Pate u. Pete (Gaunerspr., bei Ostwald, letzteres auch im Richtigen Berliner; vgl. studentisches „Gevatter stehen" und die verschleiernden Ausdrücke: „beim Onkel [engl. at my uncle's], bei der Tante [franz. chez ma tante], beim Vetter sein" [Albrecht, Leipziger Mundart] sowie „bei jenen Leuten sein" für „als Pfand versetzt sein").

Pferdehändler:

Molocher (zu „molochen" d. i. durch Bearbeiten der Zähne ein jüngeres Aussehen geben; u. dieses aus hebr. מָלַק d. i. eindrücken, die sogen. Kunde einbrennen).

Pferdejokel (Albrecht,

Leipziger Mundart 1881; „Jokel“ eigtl. = Joachim).

Pferdemenger (Gaunersprache, Tetzner s. v. welsch; „Menger“ aus lat. mango).

Pferdephilister (Studentensprache, nach Kluge S. 14 bei Stoppe 1729 und gebucht 1749—1825).

Philister (Studentenspr., nach Kluge 1744—98 belegt).

Roßkamm (zuerst wohl im Titel der 1521 zu Augsburg erschienenen gereimten Reformations-Streitschrift des Niclas vnder dem Rottenhutt: „Ich bin der Strigel im Teutschen landt, Zu trost und gutt den Roßkamp gesandt“, dann — nach Kluges Etymolog. Wörterb., 7. Aufl. — bei Spangenberg 1594 und Kriechel 1600, ferner bei Adr. Beier, Vom Handwerks-Zeuge 1691 S. 61 und im Handwercks-Lex. 1722 S. 205 s. v. Kamm; eigtl. Pferdestriegel und in dieser Bedeutung noch im Fons Latinitatis 1653 p. 638).

Roßmenge (Mathesius' Sarepta 1562 bei Frisch II 127; „Menge“ aus lat. mango).

Roßtäuscher (schon mhd. rostiuscher u. rostûscher, eigtl. Pferdetauscher, vgl. niedl. paardentuischer, wie noch Frisch 1741 II 364 „Roß-Tauscher“ schreibt u. erklärt: „qui equum pro alio equo dat, non sine suo lucro“; „Roßtäuscher“ z. B. im Fons Latinitatis 1653 s. v. mango).

Suß-, Zöschen-, Zoskenhändler (zu hebr. סוס d. i. Pferd) bedeutet in der Gaunersprache nicht etwa den Pferdehändler, sondern, nach Ostwald, einen Pferdedieb.

Pferdeschlachter:

Süßchenbäcker (Kundensprache, Günther S. 29; verunstaltet aus dem folgenden).

Zoskenpeiker (Gaunersprache, Günther S. 29 f.; Ostwald schreibt „Zoßchenpäckerer“ und „Zößchenpeuker“; hebr. סוס d. i. Pferd, u. פֶּגֶר d. i. Leichnam; also „Pferdetöter“).

Philosoph:

Denkvirtuose (Marggraff, Gebr. Pech 1840 II S. 16 nennt Hegel „den kühnen Denkvirtuosen“).

Hegelingen (nach G. Lasson von Dorothea Veit 1805 in einem Briefe an Caroline Paulus geprägt; für d. Anhänger Hegels).

Philo-sauf-aus (volksetymologisch für „Philosophus“; vgl. „Liter-aturstudien“ mit gedanklicher Anlehnung an Liter, näml. Bier).

„Philosophia colus oder Pfy, lose 'vieh der Weiber“ usw. ist ein 1662 zu Leipzig und Arnstadt erschienenes Buch von Johs. Prätorius über den Aberglauben betitelt. Bei Grabbe, Scherz, Satire usw. 1827 III 1 heißt es: „Philosophisch. Die Etymologen leiten es von ‚viele Strohwisch‘ ab“.

Polizist, auch **Polizeiagent** und **Polizeibeamte, Gerichtsdiener, Rats- oder Stadtdiener, Stadtsoldat:**

Achtgroschenjunge (nach Ostwald in der Dirnensprache für einen Vigilanten, Späher der Polizei; nach dem Richtigen Berliner 6. A. 1904 für einen Spitzel und für einen [nicht uniformierten] Polizeibeamten).

Auge des Gesetzes (aus Schillers „Lied von der Glocke", s. Büchmann).

Balcholem (Gaunerspr., bei Ostwald; hebr. בַּעַל d. i. Herr, Mann; „cholem" wohl Partizip von חָלַם d. i. stark, gesund sein; für einen der Gaunersprache kundigen, klugen Kriminalbeamten).

Behelmter (Zeitungsdeutsch; zu „Helm").

Bekert (Gaunersprache, Tetzner s. v. welsch; wohl von hebr. בִּקֵּר; für einen „untersuchenden" Polizeibeamten).

Bindfaden (Gaunerspr., Günther S. 75 Anm. 79 u. Ostwald; für einen Gerichtsdiener).

Blauer (Gaunersprache, Günther S. 63 f. und Ostwald; nach der Uniform benannt; für einen Schutzmann, bes. den Berliner, der, nach dem Richtigen Berliner, definiert wird als „ein blau anjestrichnes Abführmittel"), Blauer Jagdhund (Gaunersprache, bei Ostwald), Blaue Kalitte (s. Kalitte), Blaukopp (Berlin).

Blaumasl (moderne Wiener Gaunerspr., Günther S. 64; eigtl. kleine Blaumeise; für einen Polizeiagenten).

Blaustrumpf (17.—18. Jahrh., s. Kluges Etymolog. Wörterb.; wegen der zur Uniform der Gerichtsdiener gehörenden blauen Wadenbekleidung; für einen Polizeiagenten).

Bochur (Gaunersprache, bei Ostwald; hebr. בָּחוּר, bei den Rabbinen ein im Gesetz erfahrener Jüngling; für einen Beamten, der die Schliche u. Sprache der Gauner kennt).

Bolgermann (Gaunersprache, bei Ostwald; zu neuhebr. פָּלַג s. v. w. zanken?, vgl. Zänkerer; für einen Polizeikommissar).

Büttel (eigtl. Gerichtsdien., zu „[ge]bieten", s. Kluges Etym. Wörterb.).

Butz s. Putz.

Clauditchen (ältere Leipziger Studentensprache, z. B. bei Ch. Reuter, Schelmuffsky II 1697 Kap. 3; nach Kluge S. 17 wohl aus lat. claudite d. i. „schließet!", wie denn der früheste Beleg v. J. 1593 die Form „Claudite" zeigt; — nach Horn S. 122 bei den Landsknechten für den Steckenknecht).

Derfen-Schmuch (Gaunersprache, bei Ostwald, der es durch „Büttel" erklärt; aus hebr. דָּרַב d. i. stechen oder טָרַף d. i. reißen und סָמוּךְ d. i. fest?, vgl. Haltefest).

Fänger (Kundensprache, bei Ostwald; für einen Kriminalpolizisten, Schutzmann in Zivil, Geheimpolizisten).

Fauler (Kundensprache, bei Ostwald; desgl.).

Fausthammer (Straßburger Studentensprache Ende d. 18. Jahrh., Kluge S. 17).

Flecklisbube (so hießen, nach C. J. Weber, Deutschland I 1826 S. 565, in Nürnberg die Stadtdiener wegen ihrer den Stadtfarben entsprechenden halb weißen, halb roten Kleidung).

Fleischmann (Gaunerspr.; nach Tetzner s. v. welsch für Berliner Gerichtsdiener; nach Ostwald für Polizist und Henker; — früher für Gendarm, s. da).

Flurmichel (Kundenspr., bei Ostwald; für Flurschütz).

Fuchsschwanz (Das Reich der Meinungen 1806 S. 125; für einen Polizeiagenten).

Geheimer (Kundensprch., bei Ostwald; = Geheimpolizist, vgl. Heimlicher).

Gleditchen (Studentenspr. 1746, s. Kluge) = Clauditchen.

Greifer (Dirnensprache, bei Borstel 1904 und Kundensprache, bei Ostwald; für einen Geheimpolizisten).

Hadatsch (Gaunersprache, bei Ostwald; vgl. hebr. הָדָה d. i. greifen).

Haltefest (Albrecht, Leipziger Mundart 1881; auch erweitert: „Herr, halt ihn fest bei Rock und West'"; vgl. „Holl uns fast" unter Gendarm).

Häscher (ostmitteld., seit 1652 belegt, s. Kluges Etymolog. Wörterb., auch im Fons Latinitatis 1653 p. 608 s. v. stator; zu „haschen").

Heimlicher (Kundensprch., bei Ostwald, u. im Richtigen Berliner; mhd. heimelîchære Vertrauter u. Spion, „Heimlicher" noch bei Luther für einen Diener; jetzt für einen Geheimpolizisten).

Hilgen Engel (so nennt, nach Schambach, Göttingisch-Grubenhagensches Idiotikon 1858 s. v. engel, „der Volkswitz jeden Büttel, namentlich wenn er einen ins Gefängnis abführt"; niedd. hilg = heilig).

Hüter der Ordnung (Zeitungsdeutsch, bes. ironisch, dann mit Gänsefüßchen).

Iltis (Gaunersprache, schon im Vocabular. des Liber Vagatorum 1512—16 [Weimar. Jahrbuch IV S. 98] für „Stadtknecht"; wegen seiner Gewandtheit und List, s. Günther S. 68).

Kalitte (früher in Berlin

für einen Schutzmann; eigtl. Kohlweißling, Schmetterling).

Kapdon (Gaunersprache, b. Ostwald; zu hebr. כָּבֵד d. i. beschwerlich sein oder zu neuhebr. כְּפַת d. i. fesseln?; für einen gefürchteten Polizeibeamten).

Karten (Gaunersprache, bei Ostwald; für eine Polizeipatrouille).

Kiewisch (Gaunersprache, Tetzner s. v. welsch; wohl aus „Kiebitz" verunstaltet, da Ostwald auch „kiebitschen" für „visitieren" bucht; für einen untersuchenden Beamten).

Klammhaken (Studentensprache, Freiburg i. B., bei Kluge S. 18).

Klette (Gaunerspr., Günther S. 67).

Kniper (niedd., Mecklenburg, F. Reuter, Läuschen un Rimels I 64 V. 52 u. ö.; = Kneifer).

Kommstracks (Königsberg i. Pr., bei Frischbier, Preuß. Wörterb. I 1882 S. 406; imperativische Bildung; für einen Polizeikommissar).

Kreuzritter (Dirnensprache, bei Borstel, und Gaunersprache, bei Ostwald; vgl. Ordensmann).

Krewt (niedd., Mecklenburg; = Krebs, wegen des roten Rocks; für Rostocker Ratsdiener).

Kuberer (Gaunersprache, b. Ostwald; zu mhd. koberen s. v. w. nachspüren?; für einen Sittenpolizeikommissar).

Kundenfänger (Kundensprache, bei Ostwald; für ein. Geheimpolizisten).

Lampe (Gaunerspr., Günther S. 75 Anm. 79 u. bei Ostwald; vgl. unter Nachtwächter).

Laterne (Gaunersprache, ebenda).

Leisetreter (Das Reich der Meinungen 1806 S. 125; für einen Polizeiagenten; schon bei Frisch 1741 S. 604 für „Spion").

Licht (Gaunersprache, bei Ostwald).

Lockspitzel (1888 von Karl Henckell für franz. agent provocateur geschaffen, s. Kluges Etymolog. Wörterb. s. v. Spitzel; übrigens s. Spitzel).

Maikäfer (München, Ende des 18. Jahrh., bei Kluge, Studentenspr. S. 17; wegen der Farbe der Uniform).

Meese, Meise (Leipziger Studentensprache 1765—68, noch 1831 gebucht, s. Kluge S. 51 u. 107; wegen der Farbe der Uniform; vgl. Stadtmeese).

Meester Fix (niedd.; J. H. Voß, De Geldhapers V. 49; — sonst für Scharfrichter).

Mohrrübe (Gaunersprache, bei Ostwald; — umgekehrt nennt der Berliner die Mohrrüben „Pollezeifinger").

Mondschein (Wiener Gau=

nersprache, Günther S. 75 Anm. 79; für einen „Wachmann").

Moschel (Gaunersprache, bei Ostwald; hebr. מֹשֵׁל d. i. Machthaber; für einen Polizeidirektor).

Möse (Leipziger Studentensprache 1765—68, s. Kluge S. 51 Anm. 2; wohl nicht identisch mit „Meese, Meise" [s. oben], sondern niedd. s. v. w. Loch in obszönem Sinne [vgl. unter Freudenmädchen] u. zwar hier wie A—loch als gemeines Schimpfwort).

Nakleiß (niedd., im Lübischen Wörterbuch des Jacob v. Melle [† 1743], der es durch „lictor" erklärt [Jahrb. d. Ver. f. niedd. Sprachforschg. 1909 S. 26]).

Niescher (schwäb. Gaunersprache 1793, bei Kluge, Rotwelsch S. 272; Stumme S. 20 hält es für eine Umstellung von „Schiener" [s. unter Gefangenwärter]; Ostwald erklärt „Niescher" [verdruckt in „Ninscher"] u. „Nuscher" [wohl „Nüscher"] durch „Spürer" und hat außerdem „nieschen" [verdruckt in „ninschen"] u. „nüschen": den Körper oder die Taschen untersuchen).

Nuntius (Kundensprache, bei Ostwald; lat. nuntius d. i. Bote; für einen Gerichtsdiener).

Nüscher s. Niescher.

Oberzinker (Gaunerspr., bei Ostwald; zu „Zinker" d. i. Stempelmacher, der [falsche] Papiere macht; für einen Polizeidirektor).

Ölberger (Studentenspr. 17. Jahrh., bei Kluge S. 56; auf dem Ölberg wurde Jesus gefangen genommen).

Ordensmann (Gaunersprache, bei Ostwald; für einen Kriminalbeamten, „der sein Erkennungszeichen auf dem Rocke trägt").

Packan (Wossidlo, Imperativische Bildungen im Niederdeutschen 1890 Nr. 12 b; schon bei Frisch 1741 II 36 für „lictor, qui malos homines comprehendit et in carcerem ducit"; — auch Hundename).

Pallopete (neuere Gaunersprache, Günther S. 55 und Dirnensprache, bei Borstel; s. Polipee; für Polizist; — Ostwald kennt nur „Pallopeten" als „Oberbeamte").

Pannemann (niedd., Eilsdorf b. Halberstadt, im Jahrb. d. V. f. niedd. Sprachforschg. 1908 S. 82; s. das folgende; für einen Dorfpolizisten, Feldhüter).

Panner (niedd., Mecklenburg; = Pfänder; für einen Feldhüter).

Peihzaddik, Pezaddik (Gaunersprache, Günther S. 44; aus den hebräisch benannten Anfangsbuchstaben der ersten und dritten Silbe des Wortes „Polizei", nämlich פֵּא und צָדִי, mit

Anlehnung des letztern an צַדִּיק d. i. Gerechter, der recht hat).

Pezet (Gaunersprache, Günther S. 44; aus den Anfangsbuchstaben der ersten und dritten Silbe des Wortes „Polizei").

Philister (Studentenspr.; nach Kluge, Zeitschrift f. deutsche Wortforschg. I 1900 S. 50 ff. in Jena 1687 für Wächter und in Leipzig 1758 für Stadtsoldat; — dann übh. für einen Widersacher der Studenten, einen Nichtstudenten).

Plempe (Berlin; eigtl. Säbel).

Polente (Kundensprache, Günther S. 55 und bei Ostwald).

Police, Polise (Studentensprache, nach Kluge 1825 u. 1846 gebucht; letzteres auch bei Albrecht, Leipz. Mundart 1881).

Polipee (neuere Gaunersprache, Günther S. 55; „-pee" wohl = Pe als Anfangsbuchstabe des Wortes „Polizei").

Poliquetsch (neuere Gaunersprache, Günther S. 55, und bei Ostwald, auch Dirnensprache, bei Vorstel).

Polizeispitzel s. Spitzel.

Polyp (Studentensprache, Kluge S. 18, auch Kundensprch., bei Ostwald; wegen der Fangarme des „Vielfußes", aber mit Anklang an „Polizei"; nach dem Richtigen Berliner in Berlin nur für einen nichtuniformierten Polizeibeamten).

Putz, auch Butz (Hamburg, Leipzig, Münster in Westf., auch Kundensprache, bei Ostwald; nach Günther S. 50 auf mhd. butze d. i. Schreckgestalt zurückgehend; vgl. das folgende).

Putzemann (Kundenspr., bei Ostwald; s. das vorige).

? Quelve (Studentenspr. 1764, s. Kluge S. 117, auch Unser Deutsch S. 95).

Quetsch (Gaunersprache; n. Günther S. 46 wohl Kürzung v. „Poliquetsch").

Raup(e) (Oberdeutschland um 1600, bei Kluge, Studentensprache S. 17 u. 52).

? Rosenhaner (Studentensprache 1749, s. Kluge).

? Rothkopf (in einem Altorfer Burschenlied aus dem 17. Jahrh., bei Wuttke, Jahrb. d. deutsch. Universitäten 1842 I S. 416).

Sbirre (aus ital. sbirro, nach Kluges Etymolog. Wörterb. zuerst bei Günther belegt).

Schanl (Wiener Gaunerspr., Günther S. 82 Anm.; Deminutiv zu „Jean"; für einen Polizeiwachmann).

Schauter (Gaunersprache; s. Amtsschauter unter Gefangenwärter; für einen Gerichtsdiener).

Scherge (schon mhd.; eigtl. = Scharmeister, dann Gerichtsdiener).

Schienkel (schwäb. Gaunersprache 1793, bei Kluge, Rotwelsch S. 273; nach Stumme S. 21 wohl desselben Ursprungs wie „Schiener" [s. unter Gefangenwärter]; für einen untersuchenden Polizeibeamten).

Schlamasser (Gaunerspr., bei Ostwald; zu „Schlamassen" d. i. Unglück, also eigtl. der Unglück bringt; für einen Späher der Polizei).

Schmierer, Schmiermichel (Wiener bzw. Hamburger Gaunersprache, Günther S. 83; zu „Schmiere" aus neuhebr. שְׁמִירָה d. i. Wache).

Schmutzlappen (bayr. Kundensprache).

Schmutzmann (Volksspott, z. B. in Leipzig, statt „Schutzmann").

Schnurrbart (Studentensprache 18. Jahrh., s. Kluge).

Schnurre (Studentenspr., nach Kluge seit 1781 gebucht und bei Heine III 16. 486; s. unter Nachtwächter).

Schubtreiber (Kundensprache, bei Ostwald; für einen der den Zwangstransport besorgt).

Schurke (Das Reich der Meinungen 1806 S. 125; für ein. Polizeiagenten).

Schuster (Gaunersprache; n. Stumme S. 14 aus „Schauter" [s. da] entstanden).

Schuter = Schauter, s. da.

Sechsknepper, Sechsknöppler (Leipzig, bei Albrecht; von der Zahl der blanken Rockknöpfe; für einen Polizei- oder Ratsdiener).

Sitte, die (Dirnensprache, bei Ostwald; für einen von der Sittenpolizei).

Sohn (od. Wächter) der heiligen Hermandad (Zeitungsdeutsch; spanisch Santa Hermandad, „Heilige Bruderschaft", eigtl. Städtebund gegen den Adel, später Polizei; „Hermandad" für Polizei bei Blumauer 1784).

Spanner, Spenz (Gaunersprache, bei Ostwald; zu „spannen" s. v. w. blicken; für einen Späher der Polizei).

Spitzel (Wiener Ausdruck, nach Kluges Etymolog. Wörterb. zuerst Mitte 18. Jahrh. als „Polizeispitzel"; zu „spitz" s. v. w. schlau; für einen Polizeiagenten).

Stadtmeese, Stadtmeise (so hießen, nach Albrecht, in Leipzig die Stadtsoldaten bis 1830; s. Meese).

Stichkubig (Leipzig, bei Albrecht; vgl. „Sankt Stich", wie das ehemalige Georgenhaus, eine Versorgungs- und Arbeitsanstalt, im Volksmunde hieß, und oben „Kuberer").

Stieglitz (Augsburg um 1766, s. Kluge, Studentenspr. S. 51; wegen der bunten Amtstracht bei Feierlichkeiten; für ein. Ratsdiener).

Stipp in de Göte, Stipp in 't Götje (niedd., Emden; s. Wossidlo a. a. O. Nr. 213; = Tauch in den Rinnstein).

Stockamsel (Leipzig, bei Albrecht; weil er früher einen Stock führte).

Straßenputzer (Schwerin i. M.; wohl aus „Straßenvogt" und „Putz" [s. da] durch Verquickung entstanden).

Urach (Kundensprache, bei Ostwald; nach dem früheren fest. Bergschloß Hohen-Urach im Württembergischen?; für einen Geheimpolizisten).

Verdeckter (Kundenspr., bei Ostwald; für einen Schutzmann in Zivil).

Verwalter des Amts des Erzengels Gabriel (Zeitungsdeutsch).

Wastl (Wiener Gaunerspr., Günther S. 82 Anm.; aus „Sebastian"?).

Zaddekim (Gaunersprache, bei Ostwald; hebr. צַדִּיקִים d. i. die „Gerechten", vgl. oben „Peihzaddik"; für Polizeibehörden).

Zänkerer (Kundensprache, bei Ostwald; zu „Zank" s. v. w. Polizei; für einen Polizeiwachmann).

Zenserer (Gaunersprache, bei Ostwald; vgl. mhd. zënt d. i. Gerichtsbezirk, Gericht; für einen Polizeikommissar).

Siehe auch unter Gefangenwärter und unter Gendarm!

Posamentier:

Schmuckler (jüdisch-deutsch, im Deutschen Wörterb. u. bei Jac. Gerzon, Die jüd.-deutsche Sprache 1902 S. 99; eigtl. der Schmucksachen verfertigt; — dann auch s. v. w. Betrüger).

Postbeamter:

Abjeloofener Briefdräger (Berlin, bei Glaßbrenner).

Flebbenträger (Kundensprache, bei Ostwald; „Flebbe" s. v. w. Zeitung; für einen Briefträger).

Ka(r)nali(ch)envogel (so hieß, nach Albrecht, früher in Leipzig wegen seines gelben Rockes der Briefträger).

Krättkebote (nach dem jetzigen Staatssekretär des Reichspostamtes Reinhold Krätke; für einen Postboten).

Postbielski (nach dem früher. Staatssekretär d. Reichspostamtes Viktor v. Podbielski mit Anlehnung an „Post").

Postdirektor, Postrat (diese höheren Titulaturen werd. scherzweise auch niederen Postbeamten beigelegt).

Postgaul, Postpferd (Leipzig, bei Albrecht).

Postjochen (Gaunersprch., bei Ostwald; niedd. Jochen = Joachim; für einen Postillon).

Postjokel (Gaunersprache, Günther S. 83; mitteld. „Jokel" = Joachim; für einen Postillon).

Postschwede (rührt wahrscheinl. von den schwedischen Dragonern her, die Gustav Adolf während des 30 jährigen Krieges benutzte, um mit Stockholm in Verbindung zu bleiben; vgl. das Spottgedicht vom J. 1631: „Post Bot, so von Ihro Königl. Mayest. in Schweden ist ausgesandt worden, dem Monf. Johann Tilly nachzufragen, wohin er mit seiner großen Armée, so er in Meißen vor Leipzig hat bey sich gehabt, so eylends sich verkrochen habe").

Schwager (urspr. studentische Anrede, zuerst in Stoppens Neuen Fabeln 1738 S. 102, s. Kluges Etymolog. Wörterb. u. Studentenspr. S. 14 ff.; als Gaunerwort seit 1820 gebucht, s. Günther S. 54; einige halten noch an der Ableitung von schweizer. [Chur] „Schewalger" und weiter roman. chevalier [für den reitenden italienischen Postknecht] fest; für einen Postillon).

Stephan, Stephansjünger (nach dem 1897 verst. Staatssekretär des Reichspostamtes Heinr. v. Stephan; ersteres bes. für einen Briefträger).

Putzmacherin:

Putzfussel (Der Richtige Berliner 6. A. 1904; „Fussel" s. v. w. Federchen, Fädchen; vgl. Nähfussel).

Putzmamsell.

Schmutzmacherin.

Radfahrer:

Kanone (scherzhaft für ein. berühmten Radfahrer).

Kilometerfresser (auch für einen Automobilfahrer).

Lebendigen Düwel up de Windmüele (niedd., Münster in Westf.).

Ritter des Zements.

Ritter vom Stahlroß.

Scherenschleifer.

Rattenfänger:

Kammerjäger (eine schon in Lauremberg's niederd. Scherzgedichten 1652 III V. 449 als neumodisch erwähnte Scherzbenennung, s. Kluges Etymolog. Wörterb. 7. Aufl.; vgl. noch Frisch 1741 II 94: „Ratten-Fänger ... wird auch Kammer-Jäger genennet" und Zincke, Oeconomisches Lexicon 3. Aufl. 1753 s. v. Ratte: „Ratten-Fänger oder so genannte Cammer-Jäger").

Rattler (Österreich).

Rechtsgelehrter:

Affendarjus (Berlin Anfang d. 19. Jahrh.; für einen „Referendarius").

Aktengeier (Hippel).

Amtskehr (Kundensprache, bei Ostwald; „Kehr" nach Günther S. 32 vielleicht aus griech. κύριος d. i. Herr, wenn nicht vom zigeun. kêr d. i. Haus oder aus einer jüd. Abkürzung in der Bedeutung von „Kaiserlicher Herr"; für einen Amtmann od. Richter).

Balatze (Gaunersprache, bei Ostwald; zu neuhebr. בָּלַשׁ d. i. erforschen; für einen Richter).

Balderschmei, Ballderschmei (Gaunersprache, b. Ostwald; aus hebr. בַּעַל d. i. Herr und שְׁמַע d. i. Hören, woher „Verschmei" d. i. Verhör; für einen Untersuchungsrichter).

Ballmischpet (Gaunersprache, bei Ostwald; aus hebr. בַּעַל d. i. Herr und מִשְׁפָּט d. i. Gericht, Untersuchung; für einen Untersuchungsrichter).

Beutelfeger juris (Weber, Demokritos XI Kap. 2), Beutelräumer, Beutelwäscher (Fons Latinitatis 1653 p. 276, 354) (vgl. Eckart, Stand u. Beruf im Volksmund S. 64: „Der Advokaten Beutel und der Hölle Rachen sprechen nie: Es ist genug").

Blackscheißer (Frisch 1741 S. 102 erklärt es auch durch rabula; s. unter Gelehrte!).

Böhnhase (E. J. F. Mantzel, De Pseudo-ICtis, von Juristischen Böhnhasen, Rostock 1728 s. unter Handwerker i. allg. a).

Bschiderich (Gaunerspr., im Vocabular. des Lib. Vagatorum 1512—16 [Weimar. Jahrbuch IV S. 95] u. bei Moscherosch, Soldatenleben; zu „bescheiden" s. v. w. Bescheid geben, entscheiden; für einen Amtmann oder Richter).

Den leiwen Hergod sin Affkate (Schambach, Göttingisch-Grubenhagensches Idiotikon 1858 s. v. god; d. h. nach ihm „ein Advokat für den, der keines Advokaten bedarf, also ein gänzlich unwissender").

Diftler (Gaunersprache, bei Albrecht [Leipziger Mundart 1881]; für einen Rechtsanwalt).

Donnergott (Kundensprache, bei Ostwald; für einen Amtsrichter).

Fakukenmacher (Frisch 1741 S. 241: „ein schlimmer Jurist, der die Leute begaukeln kan, rabula"; aus dem Italienischen).

Farkensteker (niedd., Vorpommern), Ferkelstecher (Eifel, bei Emmi Elert, Die Grundmühle 1908 S. 226) (für einen Rechtskonsulenten).

Federwurm (Gaunersprache, Günther S. 69; zu „federn" d. i. schreiben [s. unter Schreiber]; für einen Rechtsanwalt).

Feuermann (moderne Gaunersprache in Wien, Günther S. 77 u. bei Ostwald; für einen Staatsanwalt).

Gabenfresser (Frisch 1741 S. 312; für einen bestechlichen Richter).

Gesetzkrämer (vgl. Prozeßkrämer).

Gesetzkünstler (Weber, Demokritos XI Kap. 2).

Gnadenassessor (C. Bulcke, Irmelin Rose 1908 S. 62; für einen Assessor, der im Ministerium beschäftigt wird).

Großmausche (Kundensprache, bei Ostwald; „Mausche" = hebr. מֹשֶׁה = Moses, der Gesetzgeber der Israeliten; für einen Gerichtsvorsitzenden).

Hecknotar (Jülich, bei Frisch S. 395; s. v. w. Winkelnotar).

Jurisconstultus (F. Taubmanni Schediasmata poetica 1610 p. 380; statt Jurisconsultus).

Jurisstultus (ders. in seiner Plautus-Ausgabe 1612 S. 421 u. 1045, desgl.).

Kadi (scherzhaft für den Richter, eigtl. arab.).

Knaster (Kundensprache, b. Ostwald; zu „Knast" s. v. w. Gefängnisstrafe; für einen Richter).

Linksanwalt (in der Kundensprache nach Ostwald für einen Rechtsanwalt, in der Berliner Mundart nach dem Richtig. Berliner für einen „Winkelkonsulenten"; vgl. J. H. Voß [Sämmtl. poet. Werke 1850 V S. 273]: „Zehn Jahre hatt' er advocirt, Da war die Rechte lahm geschmiert. Drauf schrieb er links, der alte Sünder, Und advocirt seitdem nicht minder" usw.).

Links- un Rechtsafkat (niedd., bei Weltzien, Kronika van Swerin 1909 S. 30), Link- und Rechtschenagler (Gaunersprache 1840, Günther S. 45 Anm.; „Schenagler" eigtl. Arbeiter zu „Schin-agole" d. i. Schubkarren) (vgl. Weber, Demokritos XI Kap. 2: „daher der Titel ‚beider Rechte Beflissener' recht schön war, rechts und links; links führt oft näher als rechts").

Notnarr (volksetymologisch; für einen Notar; — Weber, Demokritos XII Kap. 2 erwähnt die jüdische Verhunzung von Notarius publicus in „Natatus publicus", das aber keinen Sinn gibt und wohl „Notatus publicus" heißen muß: notatus s. v. w. der Gescholtene).

Oberverdachtschöpfer (Gaunersprache, bei Ostwald; für einen Staatsanwalt).

Pandektenreiter, -ritter (Studentensprache, Kluge S. 10 u. 111, seit 1795 gebucht; vgl. Weber, Demokritos XI Kap. 2: „In der goldenen Zeit jener Herren, wo sie Nebenbuhler des Adels waren und sich Equites legum [Gesetzesritter] nannten, lehrte Bartolus, daß jeder Doktor nach zehnjährigen Vorlesungen ipso facto Ritter u. nach zwanzigjährigen so gut als ein Graf anzusehen sei"; für ein. angehenden Rechtsgelehrten).

Pandektenwurm (Studentensprache 1831, Kluge S.110;

für einen angehenden Rechtsgelehrten).

Paragraphenlehrling (Titel eines Romans von Dr. jur. Walter Bloem 1907; desgl.).

Paragraphenmeister (Kundensprache, bei Ostwald; für Staats- und Amtsanwalt).

Partitenmacher (Fons Latinitatis 1653 p. 536; eigtl. Betrüger).

post fornacem (Potorianus [d. i. J. Prätorius], Philosophia Salustiana 1664, mit der Gleichsetzung „eine Helle, ein Juriste"; eigtl. „hinterm Ofen").

Priester der Gerechtigkeit, der Themis (für einen Richter).

Prozeßkrämer (Gellert; für einen Rechtsanwalt; — vgl. die sprichwörtlichen Redensarten bei Eckart S. 63 ff.: „Advokaten leben nicht von Prozessen, sondern von der Elle, womit sie sie messen", „Der Advokat zieht den Prozeß, wie der Schuster das Leder" [dazu S. 210: „Schuster und Juristen gehören in eine Zunft: jene dehnen das Leder, diese die Vernunft"] und: „Je mehr Advokaten, je mehr Prozesse").

Rabulist (aus dem Neulat., bei Matthiae, Lexicon lat.-germ. 1748 s. v. legulejus, u. bei Späteren; zu lat. rabula [Cicero de oratore c. 15], eigtl. „tobender" Rechtsanwalt).

Rechtsverdreher (schon in der Vulgata, 5. Mos. 27, 19 heißt es: maledictus, qui pervertit judicium, s. Büchmann), Rechtsverdreiher (niedd., Mecklenburg).

Rhadamanth (für einen höllenstrengen Richter, s. Büchmann).

Schadvokat (Eckart S. 63: „Advokaten — Schadvokaten").

Schippel (Gaunersprache, Tetzner s. v. welsch; für einen Richter).

Schnauzer-Advokat (Alban Stolz).

Schüder (Gaunersprache 1475, s. Weimar. Jahrb. IV 1856 S. 76; aus hebr. שֹׁטֵר; für ein. Amtmann).

Seelenverköper (nied., Mecklenburg; für einen Rechtsanwalt).

Sohn des hl. Ivo (Weber, Demokritos XI Kap. 2; Ivo ist der Schutzpatron der Rechtsgelehrten, s. weiter unten; der Rechtsprofess. Karl Georg Bruns gab 1853 seinem Sohn den Vornamen Ivo).

Spieß (Kundensprache, bei Ostwald; für einen Staatsanwalt).

Suppendoktor (Potorianus, Philosophia Salustiana 1664: „die Suppen [denn Jus heist eine Suppe] Doctores"; schon Cicero gebrauchte „jus Verrinum" doppelsinnig).

Teufelsadvokat (eigtl. der Theologe, der vor einer Heiligsprechung gegen den dazu Vorgeschlagenen aufzutreten und gewissermaßen des Teufels Anrecht geltend zu machen hat [advocatus Diaboli]; dann für einen schlauen Rechtsanwalt, nach Schaible, Stich- u. Hieb-Worte 1879 S. 14).

Volksanwalt (für einen Rechtskonsulenten).

Winkeladvokat (desgl.).

Zungendrescher (Fons Latinitatis 1653 p. 276, 354, 536; Frisch 1741 II 485; der Wittenberger Professor Caspar Ziegler [† 1690] schrieb „Rabulistica oder von Zungen-Dreschern"; für ein. Rechtsanwalt, der nur im Schreien groß ist).

Zungenkrämer (Geilers Postill bei Frisch II 486).

Ein altes Sprichwort lautet: „Juristen böse Christen", ein anderes (bei Eckart S. 70): „Der beste Jurist, der schlimmste Christ"[1]. Der Marburger Professor Arn. Mor. Holtermann († 1681) schrieb eine Abhandlung „de nequitia advocatorum" und der Greifswalder Professor Frider. Gerdesius († 1696) „von juristischen Findgen". Ivo galt lange als der einzige Jurist unter den Heiligen, bis 1632 Joh. Robertus zu Lüttich „sanctorum quinquaginta jurisperitorum Elogia, contra populare commentum de solo Ivone" ausgehen ließ. Auch der Augsburger Theologe Theophilus Spizelius handelt in seinem Literatus infelix 1680 p. 1029 von frommen Juristen (u. p. 1057 von frommen Ärzten). Und um 1720 hielt der Leipziger Dr. theol. George Richter eine Leichenpredigt auf Heinr. Becker über den Text „Gute Juristen, gute Christen" aus Römer 6, 2 f. (Dunkels Nachrichten von verstorb. Gelehrten II 1756 S. 364). Aber noch 1728 veröffentlichte Hieronymus Freyer in Halle ein „Teutsches Programma über die Frage, ob ein Studiosus iuris sich nicht ebensowol als ein Stud. theol. eines wahren und rechtschaffenen Christenthums befleißigen müsse." — Eckart führt S. 66 die Reime an: „En Affkate one Leigen, En Jude one Bedreigen, 'ne Zege one Bard, Dat sind Dinge sellener Art".

In Verbindung mit dem Teufel werden die Advokaten ebenda S. 64 ff. erwähnt: „Advokaten und Soldaten sind des Teufels Spielkameraden", „Mit Advokaten rechten heißt mit dem Teufel fechten", „Advokaten — Teufelsbraten", „Wenn de Affkate störwet, sau folget de Düwel te Grawe" und: „Wenn sich die Advokaten streiten, muß der Teufel die Kosten bezahlen". Eduard Reich, Arbeit u. Lebensnoth 1881 S. 240 nennt die Advokaten sogar „die Urenkel des Teufels" usw. — Schließlich möge noch aus Goekingks Gedichten III 1782 S. 253 angeführt werden:

„Advocatenstil.

Mein Advocat, Herr Weil, ist ohne Zweifel
Ein reicher Mann; schon ärmer ist Dieweil;
Herrn Alldieweil ward wen'ger noch zu theil;
Und Alldieweilen, ach! was für ein armer Teufel."

[1]) Bei Burkard Waldis, Esopus 1548, II Nr. 21 heißt es: „Man sagt: gut' Ärtzt vnd gut' Juristen Seind gemeinlich böse Christen", und bei Geiler von Kaisersberg, Irrig Schaf 1510 Bl. 2 b: „Roller [Fuhrleute], Zoller, Schergen, Bergen, Ertzet, Poeten und Juristen, seind siben bößer Christen".

Rentner:

Couponschneider.

Dreierrentier, Sechsdreierrentier (Berlin) (für einen Rentner mit sehr geringen Einkünften).

Fetthamel (niedd., Mecklenburg, z. B. Reuters Stromtid Kap. 6; für einen in der Stadt von seinen Renten lebenden früheren Landwirt, der den ganzen Tag spazieren geht und über die schlechten Zeiten klagt; in Schwerin sagt man, daß ein solch. auf seinen Morgengang eine Semmel als Frühstück mitnimmt und sie, um auch der Flüssigkeit nicht zu entbehren, in den Faulen See stippt; die Rostocker „Fetthamels" schildert O. Weltzien in seiner „Kronika van Rostock" 1908 S. 124 ff.).

Hiringsrentjeh (niedd., Mecklenburg; für einen, dessen dürftige Renten ihm mittags nur Heringe zu essen erlauben).

Renn-Tier (Berlin u. anderswo; volksetymologisch statt „Rentier").

Sänger:

Hoftrobadur, Troubadour (Berlin, bei Rob. Hartig [d. i. E. Marré] 1905 S. 6; für einen fahrenden Sänger, der sich bes. auf den Höfen der Stadt hören läßt).

Schallerbruder (Kundensprache, bei Ostwald; für ein. sich durch Singen erhaltenden reisenden Handwerksburschen).

Siehe auch unter Schauspieler und Varietésängerin!

Sattler:

Galoppschnitzer (Kundensprache, bei Ostwald).

Pferdeschuster (desgl.).

Riemenschneider (Thüringen; — „Riemer" ist Berufsbezeichnung für jetzt meist in den Sattlern aufgegangene Handwerker).

Versehnerich (Kundensprache, bei Ostwald).

Wagenschauster (niedd., Mecklenburg, bei F. Latendorf, Zu Lauremberg's Scherzgedichten 1875 S. 11; = Wagenschuster).

Scharfrichter (Henker):

Angstmann (Bayern; C. Jul. Weber, Deutschland I 1826 S. 474 u. Demokritos XI Kap. 13).

Dallinger, Dollinger (Gaunersprache, ersteres schon im Vocabular. des Liber Vagatorum 1512—16 [Weimar. Jahrb. IV S. 96]; nach Günther S. 62 zu hebr. תָּלָה d. i. aufhängen, henken).

Demmer (Gaunersprache, Tetzner s. v. welsch; = Tammer? s. d.).

Fleischmann (Gaunerspr., bei Ostwald; — früher auch für Gendarm).

Gabler (Gaunerspr., Günther S. 34; zu lat. gabalus d. i. Galgen).

Galgen-Vergen (Frisch S. 314, der das Landrecht zitiert; „Vergen" = Ferge, Fährmann).

Hangmann (Weber, Demokritos XI Kap. 13; engl. hangman).

Kleemeister (s. unter Abdecker!) (das Amt des Scharfrichters war vielerorts mit der Abdeckerei verbunden).

Knuspert (Gaunersprache, bei Ostwald; für einen Scharfrichterknecht).

Kofler (Gaunersprache, Tetzner s. v. welsch; s. unter Abdecker!).

Krawattenanmesser (Gaunersprache, bei Ostwald sub C.).

Kuknari (desgl.; woher?).

Löwe (so hieß zu Nürnberg im Mittelalter der Gehilfe des Scharfrichters).

Meister Benedix (Adr. Beiers Handwercks-Lexicon 1722 S. 381 s. v. Schnüren; Benedix wohl zu lat. benedicere, also eigtl. einer vor dem man sich segnet oder bekreuzt; s. auch „Hans Bendix" unter Hirt!).

Meister Fix (urspr. Studentensprache?; — auch für Polizist).

Meister Hämmerlein (Gaunersprache, bei Ostwald; bei Weber, Demokritos XII Kap. 2 für einen der das Rindvieh kuriert, was die Scharfrichter vielerorts besorgten; eigtl. für den Teufel [nach Schaible, Stich- u. Hieb-Worte 1879 S. 75 auf den mit dem Hammer einschlagenden Gott Donar zurückzuführen], dann für einen Teufelskerl, bes. den Pickelhering im Puppenspiel).

Meister Hämmerling (Frisch 1741 I S. 442; s. d. vorige).

Meister Han(n)s (Luth. Tischreden 1577 Bl. 415a, Burkard Waldis u. a.; — nach Weber, Demokritos III Kap. 19 hieß der Teufel in Süddeutschland „Hannes").

Mester Kilian (niedd., Lauremberg's Scherzgedichte 1652 I V. 362).

Peinlein (Frisch 1741 II 43: „P. heißt in Franken, als zu Nürnberg, Bamberg u. a. w., carnificis servus primarius.... Zu Nürnberg sagen sie annoch Panla für Peinlein, das n durch die Nase ausgesprochen"; wohl v. dem peinlichen Halsgericht hergenommen).

Racker (Frisch 1741; s. unter Abdecker).

Rübenbauer, Rübenschneider (Kundensprache, b. Ostwald; zu „Rübe" s. v. w. Kopf).

Schelm (eigtl. Aas, toter Körper).

Talger (Gaunersprache, Tetzner s. v. welsch; = Dallinger? s. d.).

Talmann (Gaunersprache,

bei Ostwald; zu hebr. תָּלָה, s. Dallinger).

Tammer (Gaunersprache, Tetzners. v. welsch; zu hebr. טָמֵא? d. i. unrein).

Tiller (Gaunerspr., Tetzner s. v. welsch; vgl. mhd. tillen = [ver]tilgen).

Tolgon (Gaunersprache, bei Ostwald; = Dollinger, s. Dallinger, mit der hebr. Endung ־וֹן).

Ußlender (Geilers Postill bei Frisch S. 606; wohl dasselbe wie mhd. ûzlender = Ausländer, weil sich schwerlich ein Einheimischer zu diesem anrüchig. Amte hergab; davon dann das ebenfalls bei Geiler vorkommende „ußlenden" d. i. vollstrecken, vollziehen).

Wasenmeister (Frisch 1741, der Mayers Plessischen Ursprung zitiert; s. unter Abdecker).

Zwicker (Gaunersprache, schon im Vocabular. des Liber Vagatorum 1512—16 [Weimar. Jahrb. IV S. 101], noch bei Ostwald), Zwickmann (Günther S. 77 u. Ostwald) (wohl von dem Zwicken mit glühenden Zangen).

Schauspieler(in):

Alter Brunnenvergifter (Schauspielerjargon, Max Grube, Im Theaterland 1908 S. 107; für einen Charakterspieler).

Bretterheld.

Bühnengewaltiger (scherzhaft für einen Theaterdirektor).

Butzenmacher (Apherdianus 1577 bei Frisch S. 161; „Butze" s. v. w. Maske).

Charaktermacher (Grube S. 107; für einen Charakterspieler).

Damenschauspieler (s. einen der weniger durch sein Spiel als durch sein Äußeres gefällt, bes. den Damen).

Einer vom Bau (so nennen die Sch. einen Kollegen [Grube S. 102] od. auch einen eifrigen Habitué; wird auf Angelys Lustspiel „Das Fest der Handwerker" ca. 1830 zurückgehen: „Der janze Bau" d. h. alle Handwerker die an einem Bau tätig waren, dann: die ganze Gesellschaft).

Einhelfer (Verdeutschung von „Souffleur"; nach Grube S. 140 „mit Unrecht, denn er ist eigtl. ein Vorbeter, der seiner Gemeinde immer um drei bis vier Worte voraus sein muß").

Faxenmaker (niedd., Mecklenburg; „Faxen" bedeutet: Späße, Possen, und kann aus lat. facetiae entstanden sein; Kluge nimmt Zusammenhang mit „fickfacken" d. i. gaukeln an; bes. für einen Komiker).

Fettschminke (neuere Bezeichnung, s. Grube S. 102).

Flüsterlotte (im Schauspielerjargon für eine Souffleuse).

Gaukler.

Häuptling s. Schmierenhäuptling.

Histrione (lat. histrio, ital. istrione).

Intrigant auf Gummischuhen (Schauspielerjargon; für einen Charakterspieler; schreibt sich nach Grube S. 107 von dem Berliner Sch. Schütz her, der, um recht unheimlich als „schleichender Bösewicht" aufzutreten, stets Gummigaloschen statt der Schuhe getragen haben soll).

Jugendlicher Schleimscheißer (so nennen die älteren Schauspieler einen Jugendlichen Liebhaber).

Junger Acher (im Schauspielerjargon für einen Anfänger; stammt aus Gutzkows Uriel Acosta [1847] IV 2, wo Akiba zu Uriel sagt: „Und fleißig Talmud lesen — junger Acher!", wozu Akibas vorhergehende Worte zu vergleichen sind: „Elisa Ben Abuja war wie du, Man scheute sich, den Namen auszusprechen, Und hieß ihn Acher — Acher [hebr. אַחֵר] heißt der andre, Der andre nur, so schreibt von ihm der Talmud").

Junger Hund (Schauspielerjargon, Grube S. 108; für einen Anfänger).

Kastengeist (so nennt Grube S. 134 den Souffleur, für den sich merkwürdigerweise im Bühnenjargon kein Wort gebildet habe [S. 106]).

Kastenrabe (im Schauspielerjargon für e. Souffleuse).

Komödiant(in) (ital. commediante mit Zurückgehen auf lat. comoedia; früher Berufsbezeichnung).

Komödianten-Prinzipal, auch bloß Prinzipal (für den Direktor eines klein. Theaters; früher Berufsbezeichnung).

Kulissenreißer, auch bloß Reißer (Schauspielerjargon, Grube S. 107; für einen Ersten Held u. Liebhaber, der bemüht ist, einen mehrmaligen Hervorruf „herauszukitzeln").

Kulissenschieber (für einen Theaterarbeiter od. Maschinisten; Grube S. 120 nennt sie scherzhaft mit Mephisto „die Kleinen von den Meinen").

Lappige (so nennt, nach Grube S. 108, der Erste Held u. Liebhaber die übrigen Schauspieler, wohl weil sie statt der feinen Garderobe, auf die er Anspruch erhebt, nur in bunten Lappen zu gehen haben).

Lotterer (16.—17. Jahrh.; mhd. lotter, eigtl. lockerer Mensch, dann Gaukler).

Luxusdame (Österreich, Grube S. 151; für „das Fach talentloser Kleiderstöcke").

Mauerweiler (Schauspielerjargon, Grube S. 108; für einen gastierenden Sch., der gerade „in den Mauern [der betr. Theaterstadt] weilt").

Mime (lat. mimus aus dem Griech., eigtl. Nachahmer).

Musensohn (vgl. Priester des Musentempels; — auch für einen Studenten).

Nuancenjäger (Schauspielerjargon, Grube S. 107; für e. Charakterspieler der geistvolle Details liebt).

Priester des Musentempels.

Prinzipal s. Komödianten-Prinzipal.

Rampenlicht, einer vom.

Reißer s. Kulissenreißer.

Rivale in Apoll (G. v. Berlepsch, Thalia in der Sommerfrische 1892 S. 63; für den Kollegen eines Schauspielers, vgl. „Bruder im Apoll" unter „Dichter").

Sauspieler (Berlin; für einen schlechten Schauspieler).

Scharfer Spieler (Schauspielerjargon, Grube S. 107; für einen Ersten Held u. Liebhaber der auf mehrmaligen Hervorruf versessen ist; — auch in lobendem Sinne).

Schmierenhäuptling, auch bloß Häuptling (für d. Direktor einer Wandertruppe).

Schmierenkomödiant (für das Mitglied einer Wandertruppe; nach Grube S. 104 heißt so „auch der schlechte, nicht nur der kleine Schauspieler").

Seelenmaler (Grube S. 102).

Spielers (so werden in kleinen Städten die Sch. genannt).

Tapezierregisseur (Grube S. 51; für e. Regisseur der den szenischen Apparat seine hauptsächliche Sorge sein läßt).

Theaterfeldwebel (Grube S. 178; für einen Intendanzrat).

Theaterprinzessin (vgl. Varieté-Prinzessin).

Thespisjünger (zu „Thespiskarren", worüber Büchmann nachzusehen ist).

Thespiskarrenführer, Thespiskarrenlenker (für einen Theaterdirektor, bes. einer Wandertruppe).

tiefe Doch, das (Grube S. 113; für einen Bassisten, eigtl. den Sänger des Sarastro).

Trillerkönigin (Marggraff, Gebr. Pech 1840 II S. 36; für eine Sängerin).

Ungestriegelter Apollo (Berlepsch a. a. O. S. 222; für einen talentvollen, aber noch nicht fehlerlosen jungen Sch.).

Völkerspieler (Grube S. 118; für einen Statisten).

Wandermime (für das Mitglied einer Wandertruppe, s. Mime).

Schiffer:

Blaujacke.

Boofke, Danzijer Boofke (Berlin; für einen Schifferknecht).

Charon (eigtl. der Totenfährmann in der griech. Mythologie; scherzhaft für einen alten Fährmann).

Flosser (Gaunersprache, Tetzner s. v. welsch).

Jan Maat (aus dem Niederländischen, wo maat einen Kameraden bedeutet; für einen Matrosen).

Klemmer in den Mast (Wossidlo, Imperativ. Bildungen im Niederdeutschen 1890 Nr. 192; „klemmern" d. i. klettern; für ein. Matrosen).

König (Frisch 1741 S. 536: „bey den Schiffern auf der Ober-Elb der Knecht oder Bediente der über das Schiffs-Volk gesetzt ist, ihnen ihr Deputat zu geben, dispensator navalis").

Ohrlamm (Seemannsspr. zw. 1750 u. 1850, bei Kluge, Unser Deutsch S. 113; aus dem Niederländ.; für einen befahrnen Matrosen).

Püttker (niedd., Frisch 1741 II 75, der sich auf N. Chytraei Nomenclator Latino-saxonicus 1597 bezieht: „Allemanns-Knecht im Scheepe").

Salzschlecker.

Schoosterbuck (niedd.; so schilt ein Holsteiner Schiffskapitän seinen Maschinisten bei Ottomar Enking, Familie P. C. Behm, 5. Aufl. 1906 S. 82).

Seebär (Gaunersprache, bei Ostwald; auch sonst, bes. als „alter Seebär", auch „alter Seehund").

Speckkönig (Frisch 1741 II 295: „der so den Speck einpacket, einer von den unerfahrnsten Matrosen, der offt über und über von Tran tropft").

Specksnider (Seemannssprache, bei Kluge, Unser Deutsch S. 112; für den zweiten Steuermann).

Spintjemus (Seemannssprache, bei Kluge, Unser Deutsch S. 113; für einen Schiffsjungen der die Kapitänskajüte bedient).

Teerjacke (nach Kluges Etymolog. Wörterb. 7. Aufl. seit 1840 aus engl. Jack-Tar d. i. Hans Teer).

Wasserratte.

Weitere Ausdrücke (für Marinesoldaten) siehe bei P. Horn, Die deutsche Soldatensprache 1899 S. 38!

In Tübingen werden seit alters die auf dem Neckar fahrenden Flößer durch den Ruf: „Jokele sperr!" angeulkt. Es war ursprünglich ein Befehl für den am Floßende befindlichen Jungen, die Schnelligkeit des Floßes durch Schläge auf den Sperrpfahl zu verlangsamen.

Den Schiffern wird der — von ihnen aber stets zurückgewiesene — Vorwurf gemacht, daß sie diebisch seien.

Schlosser:

Amboßpinker (Mecklenburg; so besonders von dem Schmied gescholten, weil der Schlosser mit kleinen Hämmern arbeitet und auf dem Amboß mehr einen scharfklingenden als einen dumpfen Ton hervorbringt; vgl. Pinkepank unter Schmied).

Barselmelochner (Gaunerspr., bei Ostwald; „Barsel“ = hebr. בַּרְזֶל d. i. Eisen; „Melochner“ zu hebr. מְלָאכָה d. i. Arbeit).

Dussenmelochner (Gaunersprache, bei Ostwald; „Dusse“ od. „Dusche“ d. i. Schloß).

Fro(h)nberger (Adrian Beier, Der Handwercks-Gesell 2. A. 1717 S. 9, wo „Fromberger“ wohl Druckfehler ist, und desselb. Handwercks-Lexicon 1722 S. 131 f., wo eine Arnstadter Urkunde von 1596 und eine Bittschrift von 1678 angezogen werden; Frisch 1741 S. 300 führt es unter den mit „Fron“ [d. i. Herrn . . .] zusammengesetzten Wörtern an; für einen Schlosser der allerlei Arbeit, die eigentlich nicht zu seinem Handwerk gehört, sogen. Fro(h)nberger(s) Arbeit verrichtet).

Kattenkopp (niedd., Mecklenburg), Katzenkopf (Gaunersprache, Günther S. 72 Anm. 74; schon bei Arn. Mengering, Gewissensrüge, Altenburg 1642 S. 1076), Katzenkopp (Kundensprache, bei Ostwald) (nach Adelung nannte man „Katzenkopf“ eine Art Vorlegeschlösser).

Masper (Gaunersprache, Tetzner s. v. welsch; wohl „Masger“, da der Schlosser auf hebr. מַסְגֵּר heißt).

Purimpflanzer (Gaunersprache, bei Ostwald; „Purim“ heißen die Einbrecherwerkzeuge, zu hebr. פּוּר d. i. aufbrechen; „Pflanzer“ s. v. w. Anfertiger; für einen der Nachschlüssel anfertigt).

Schwager (Kundensprache, bei Ostwald; so nennt d. Schmied den Schlosser wegen der Verwandtschaft der beiden Gewerbe).

Tantelmacher, Tantelmelochner (Gaunerspr., bei Ostwald; „Tantel“ d. i. Nachschlüssel).

Schmied:

Bamler (Gaunersprache, Tetzner s. v. welsch; ?).

Baßler (Gaunersprache, Tetzner s. v. welsch), Boslerisch (desgl., bei Ostwald) („Baßler“ oder „Bosler“ zu „Bassel“ d. i. Kette, Fessel aus hebr. בַּרְזֶל; „Isch“ = hebr. אִישׁ d. i. Mann).

Eisenmenger (Gaunersprache, Tetzner s. v. welsch; „Menger“ s. v. w. Arbeiter).

Flammer (Kundensprache, bei Ostwald u. a.).

Freischmied s. Freimeister unter Handwerker i. allg. a!

Funkenspritzer (Kundensprache, bei Ostwald).

Funkenstieber (Kundensprache, Günther S. 25 Anm. u. bei Ostwald).

Grobschmied (manchmal verächtlich gebraucht, eigtl. Berufsbezeichnung zur Unterscheidung vom Kleinschmied d. i. Schlosser).

Hammerschlag (Kundensprache, Günther S. 75 Anm. 79 u. bei Ostwald).

Hammer-Tölpel (Abraham a. S. Clara, Etwas für Alle 1699 S. 407).

Laufschmied (nach Frisch 1741 II 208 im Kreise Lebus Gegensatz zu dem im Dorfe ansässigen „Wohnschmied“).

Meister Gläuhnig (niedd., Mecklenburg; „gläuhnig“ d. i. glühend).

Nappach (Gaunersprache, Tetzner s. v. welsch; neuhebr. נַפָּחָה zu נָפַח d. i. blasen).

Pinkepank (Laurembergs niederd. Scherzgedichte 1652 I V. 166 ff.: „De Sniddeker dem Smidt antwordt: Du Pinckepanck,/Men kan genogsahm sehn an diner swarten keke,/ Dat du dem Düvel bist gelopen uth der bleke“, und Rachels Satiren VIII 1677 V. 399: „Pinkkebank“; vgl. den Kinderreim in Schambachs Göttingisch-Grubenhagenschem Idiotikon 1858 s. v. smed: „Pinkepank, /De smed is krank,/ Hei lît hindern ôwen up der bank“ [in Eilsdorf bei Halberstadt lautet er, nach dem Jahrb. d. V. f. niedd. Sprachforschg. 1908 S. 83: „Pinkepanke, Smed is krank, /Liet op siener fulen Bank”] und Reuters Hanne Nüte 5: „De Vörslag klimpert pinke — pank“, nämlich der Vorschlag mit dem Hammer, bevor er auf den Amboß niederfällt; „pinke“ gibt den scharfklingenden Ton wieder).

Püsterjung' (niedd., Reuters Hanne Nüte 5 V. 891; „Püster“ d. i. Blasebalg; für einen Schmiedelehrling).

Rußwurm (Kluge, Studentensprache S. 17 u. Unser Deutsch S. 81).

Schwager (Kundensprache, bei Ostwald; so nennt der Schlosser den Schmied wegen der Verwandtschaft der beiden Gewerbe).

Slah up 't Isen (niedd., Mecklenburg, bei Wossidlo, Imperativ. Bildungen 1890 Nr. 250; = Schlage aufs Eisen).

Zuschläger (Adrian Beier, Handwercks-Lexicon 1722 S. 500 s. v.: „... heissen zumahl bey denen Schmieden die Knechte, so zu weiters nicht als zum Zuschlagen gebraucht werden, oder noch näher, welche weder zum Gesellen-Stand, und weniger noch zum Meister-Recht gelassen, jedoch beym Amt geduldet worden...“).

Schneider:

Bekleidungsrat.

Besteler (Stieler 1691, s. Kluges Etymolog. Wörterb. 7. A. s. v. basteln; für einen Flickschneider).

Bock, niedd. Buck: s. Ziegenbock.

Böhnhase s. unter Handwerker i. allg. a.

Claffotfetzer s. Kluftfetzer.

Diskkürnink (niedd., Münster in Westf.; = „Tischkönig", weil er auf dem Tische „thront"; das „r" auch in westf.-niedd. „Tunkürnick" = Zaunkönig).

Ellenritter (Münster in Westf.; vgl. Ritter von der Elle).

Fadenbeißer.

Feiergesell (nach Frisch 1741 S. 264 heißt so „bey den Schneidern der auf der Herberg ist und nichts zu thun hat oder dem Meister nicht arbeitet, sondern sich selbst ein Kleid macht"; vgl. unter Handwerker i. allg. b).

Fips, niedd. auch Wips (eigtl. ein „aufschnellender", d. h. leichter, windiger Mensch; vgl. Wippup; „Schneider Fips" ist Titel eines Lustspiels von Kotzebue).

Fitzer (Gaunersprache, Tetzner s. v. welsch; zu „Fitz" d. i. Faden; für einen Flickschneider).

Fix (Gf. Bj. Hanckens Gedichte I 2. A. 1731 S. 202: „Wie offt der Schneider Fix mit seiner Scheere stiehlt"; „fix" s. v. w. schnell, gewandt).

Freischneider s. Freimeister unter Handwerker i. allg. a.

Gojet (Gaunersprache, bei Ostwald; woher?).

Häuken (niedd., Mecklenburg, bei F. Latendorf, Zu Lauremberg's Scherzgedichten 1875 S. 11; eigtl. Böcklein, vgl. Ziegenbock; für einen Schneiderlehrling).

Heuspringer (Pomm.).

Hosenbletzer (Golii [gest. 1600] Onomasticon bei Frisch S. 109; für einen Flickschneider; vgl. Schuhbletzer unter Schuhmacher).

Hosenfabrikante (Berlin, bei Glaßbrenner).

Hosenkoch (Fons Latinitatis 1653 p. 105 mit der Erklärung „der Kleider auff den Kauff macht" u. p. 329: „einer der Hembder, Strümp usw. macht auff den Kauff, ein Hosenkoch" [Hose früher auch s. v. w. Strumpf]; Adr. Beieri De jure prohibendi..., von der Zünffte Zwang, ed. II. 1687 p. 109; Ders., Der Meister 2. A. 1692 S. 169 u. 209; Dess. Handwercks-Lexicon 1722 S. 193, wo es heißt: „Ist ein verächtlich Wort unter den Schneidern, womit sie diejenige unter sich benennen, welche Kleider auf den Kauff machen, woraus abzunehmen, daß sie kein sonderlich Gedränge von bestalter Arbeit haben müsten, vermuthlich nichts tüchtigs machen könten, dahero auf Hosen, so als Unter-Kleider keiner Kunst brauchten, sich befleisigen müsten, wolten sie nicht gar Brage liegen").

Kaffler (Gaunersprache, Tetzner s. v. welsch; woher?).

Kitz („Schneider Kitz" ist Titel eines Buches von Langenschwarz 1842; „Kitz" d. i. Zicklein, vgl. Ziegenbock).

Kleiderbock s. Ziegenbock.

Kluftfetzer (Gaunerspr., Stumme S. 15; schon im Vocab. des Liber Vagatorum 1512—16 [Weimar. Jahrb. IV S. 98] als „Claffotfetzer"; „Claffot" und „Kluft", dieses auch in der Studentensprache s. v. w. Kleidung, Anzug, aus hebr. חֲלִיפוֹת d. i. verschiedene Anzüge; „Fetzer" wird mit lat. facere d. i. machen zusammengebracht).

Kluftpflanzer (Gaunersprache, Stumme S. 15; s. d. vorige).

Kommerzienrat (Kundensprache, bei Ostwald).

Leipziger (Baden, bei Alban Stolz [† 1883], Kompaß, Volksausg. S. 77. — Vgl. Uhl, Winiliod 1908 S. 192: „Bei Schade [Handwerkerlieder 1865] entpuppt sich der Zimmergesell als schlesisch, der Schmiedegesell ist aus Breslau, thüringisch singt der Schneider, fränkisch der Bäcker, und der Böttchergesell domiziliert... in Weimar." [Uhl erwähnt dann S. 202 nebenbei, daß wir uns den Tischler als Schwaben, den Schuster etwa als Norddeutschen denken; nach S. 202 f. ist der Leineweber aus Schlesien, der Töpfer aus Hessen, der Schuster aus Berlin, der Böttcher aus Braunschweig, und nach S. 207 ist der Schlosser etwa ein Mittelfranke.] Dagegen ist bei Weisflog, Das große Loos [Phantasiestücke u. Historien III 1825], der Schneider Zickel aus Ulm, der Tischler aus Zwickau und der Schlosser aus Mannheim. [Im allgemeinen ist der Handwerksbursche aus Niederbayern, vgl. „Bruder Straubinger".]).

Lüskenspeter (so ist in Laurembergs niederd. Scherzgedichten 1652 I V. 159 nach Latendorfs [a. a. O. S. 10 f.] Verbesserung zu lesen und nicht „Lüskens-Peter"; in der hochd. Übersetzg. von Dedekind in Dresden 1654 wird es durch „Läuseknikker" wiedergegeben; = „Läusespießer" d. h. der die Läuse spießt, näml. mit der Nadel; vgl. Eckart, Stand u. Beruf im Volksmund [1900] S. 206: „Der Schneider Wappen: Drei Läuse auf einem roten Lappen").

Mäcke (Ulm, in der Zeitschr. f. hochd. Mundarten IV 1-2 S. 38), Meck-Meck (wie die Ziege schreit; s. Ziegenbock).

Meister Bügeleisen.

Meister der Nadel, der.

Meister Fleck (s. w. unt.).

Meister Hans von der Schär (Albertinus, Haußpolicey, München 1602 Bl. 82), Meister Schere.

Meister Stich (Münchener Bilderbog.; vgl. Stechhans usw.).

Melochner (Gaunerspr., nach Günther S. 46 Kürzung von „Stichlingsmelochner", s. da).

Modenkönig (scherzhaft f. einen berühmten Damenschneid.).

Pfuscher s. unter Handwerker i. allg. a.

propefenestram (lat., ältere Studentensprache, bei Potorianus [d. i. J. Prätorius], Philosophia Salustiana 1664 p. 178; weil der Schneider auf einem Tische „am Fenster" zu sitzen pflegt).

Regierungsrat (Kundensprache, bei Vorstel, Unter Gaunern [1903] S. 13 u. bei Ostwald).

Ritter von der Elle (Fritz Reuter, Hanne Nüte 15; vgl. Ellenritter).

Schnefter (Studentenspr., nach Kluge in „Der flotte Bursch" Leipzig 1831 gebucht; auch im Richtigen Berliner).

Schneiderbock (Albrecht, Die Leipziger Mundart 1881; vgl. Ziegenbock).

Schneiderfretter (Kluge, Etymolog. Wörterb. s. v. Böhnhase) s. Fretter unter Handwerker i. allg. a.

Schneiderseele (Weisflog, Phantasiestücke u. Historien [zuerst 1824 ff.] IV S. 20 d. Ausg. v. 1839).

Stechhans (Kundenspr., Günther S. 83 u. bei Ostwald).

Stichler (Kundensprache, Kluge, Unser Deutsch S. 81 u. bei Ostwald).

Stichling (Gaunersprache, Tetzner s. v. welsch, Borstel a. a. O. S. 6, Günther S. 60; eigtl. Nadel).

Stichlingsmelochner (Gaunersprache, Günther S. 46 u. bei Ostwald; = der mit der Nadel arbeitet; „Melochner" zu hebr. מְלָאכָה d. i. Arbeit.

Störer s. unter Handwerker i. allg. a.

Strümpf-Schneider (Adrian Beier, Der Meister 2. A. 1692 S. 212; dasselbe wie Hosenkoch, s. da).

Stupfer (Gaunersprache, Tetzner s. v. welsch; zu „stupfen" d. i. stechend stoßen).

Tafelschneider (Adrian Beier, Der Handwercks-Gesell 2. A. 1717 S. 4 u. dess. Handwercks-Lexicon 1722 S. 426 u. noch Albrecht, Die Leipziger Mundart 1881; für den Geschäftsführer bei einer Schneidermeisterswitwe).

Westenfleckdieb (Kgr. Sachsen; siehe weiter unten).

Wippup (niedd., Mecklenburg, Westfalen u. im Bergischen [wo es „Wippop" lautet]; s. Wossidlo, Imperativ. Bildungen 1890 Nr. 107 g; eigtl. „Schnell auf!"; in Mecklenburg hört man die Spottverse: „Snider Wippup! Sett 'n Flicken up! Sett 'n hir up, sett 'n dor up! Sett 'n achter vör 'n Nors up!"; bergische Spottverse s. bei O. Schell, Bergischer Volkshumor 1907 S. 140 ff.; — vgl. Fips).

Ziegenbock, niedd. Zegenbuck (ersteres schon bei Arn. Mengering, Gewissensrüge, Altenburg 1642 S. 1076, letzteres bei Lauremberg 1652 I V. 160), auch bloß Bock bzw. Buck. (In dem ältesten Musenalmanach, „Herrn von Hoffmannswaldau und andrer Deutschen auserlesene und bißher ungedruckte Gedichte", Teil IV 1708 S. 248 findet man zwei kleine Gedichte, in denen die Schneider als Böcke — die Hörner sind ihre Schere — verspottet werden, und ebenda Teil V 1710 S. 217 ein längeres Gedicht, „Die nützliche schneider-scheere" überschrieben, welches anfängt: „Ihr ausgehangnen schneider-scheeren! Der so genannten böcke schild!" und in dem es weiter heißt: „Es führen euch die kleider-böcke; Doch dis vermehret euren ruhm, Ihr lacht offt über das gemecke, Der herren schneider eigenthum" usw. und welches schließt: „Doch leben sie, so sollt ihr scheeren gleichfalls leben, Damit man euer lob zum capricorn [Steinbock, Sternbild] kan heben." Der Ursprung dieser Schelte wurde auf eine Ruhmestat der Schneider in einer belagerten Stadt zurückgeführt. So erzählt Langbein in seinem Gedicht „Die Belagerung" [I S. 94 f. der Ausg. der sämmtl. Ged. v. J. 1843], wie ein Schneidermeister sich in eine Bockshaut nähen läßt und sich dann meckernd auf der Mauer zeigt, woraus die Feinde entnehmen, daß die Stadt noch Fleisch genug habe und sich nicht aushungern lasse.

„Sie brachen auf, und bald war schon
Kein Feind mehr in der Runde.
Doch Undank ist der Erde Lohn!
Denn seit derselben Stunde,
Da dieser Schneiderheld die Stadt,
Als Ziegenbock, befreiet hat,
Gefiel's dem rohen Haufen,
Die Schneider so zu taufen."

Es wird sogar der Name der belagerten Stadt angegeben: Schaible [Deutsche Stich- u. Hieb-Worte 1879 S. 19] nennt die ehemalige Festung Ladenburg bei Mannheim, nach anderen soll sich die Geschichte in Glogau zugetragen haben, als es 1241 von den Mongolen belagert wurde. Carl Julius Weber, dem diese Volkssage nicht unbekannt war, wie aus seinem „Demokritos" XI Kap. 13 hervorgeht, erwähnt in seinem „Deutschland" II 1827 S. 152 eine andere Geschichte, wonach bei Krempenstein od. dem „Schneiderschlößl" in Niederbayern ein armer Schneider einen toten Bock in die Donau hat werfen wollen, sich aber in dessen Hörner verwickelt hat und so selbst mit in die Tiefe gestürzt ist, — und fügt hinzu: „Wie kommt es doch, daß Schneider und Bock gleichsam Synonymen geworden sind, und alles bey jener tragisch. Geschichte nur lacht, weil sie nur einem Schneider gilt?" Und Weisflog wird in seinen Mitteilungen „aus dem Tagebuche des Schneiders Franz Zickel" [a. a. O. IV S. 14 ff.] zum Apologeten des Schneider-Bocks: „Warum nennt ihr die Schneider Ziegenböcke und meinet im spottenden Hohne, Wunder was für einen Klecks ihr den Redlichen angeworfen? Betet ihr's nicht blos Andern nach, ohne zu wissen, warum? Ich könnte euch die Geschichte erzählen, deren sich die löbliche Schneiderzunft nicht zu schämen braucht, aber ich mag nicht, und will — abgesehen von der historischen Seite, die Sache blos von der philosophischen beleuchten. Ist denn die muntere, lustige Geiß rücksichtlich ihres moralischen Charakters nicht zehnmal mehr werth als der alberne Esel, der dumme Ochse oder das drehende Schaf? Wo kommt diesen Creaturen, oder gar der Gans und Ente ein witziger, ergötzlicher Einfall? Das Pferd, trocken und ernst wie ein Professor der Rechenkunst, wird euch auch wenig Spaß machen. Aber Alles, was der Staar, der Affe, der Hund Liebliches und Lustiges einzeln hat, das vereinigt die fröhliche Geiß, und nirgend wird der echte Humor getroffen als bei den Ziegenböcken, denn indem sie lieblich meckern und springen, stoßen sie den Narren manierlich mit dem Hörnlein, so daß er denkt, es sei gekitzelt, die Zuschauer aber die Bäuche halten vor Lachen. Lasset daher in Gottes Namen das Wappen der Schneider einen Ziegenbock sein, es macht ihnen keine Schande. Geht auch dem Böcklein die Macht und Gewalt des Elephanten ab, oder die Standhaftigkeit und die Nackenkraft des Stiers — o! da, wo der Schneider wirkt, schaffet und hüpfet, da bedarf es des Ochsigen nicht. Und dann, was frißt ein Ochs oder ein Elephant! Welche Masse von Lebensmitteln ist nöthig, um ihre Wänste zu füllen, da hingegen die genügsame Geiß, auf den Felsen kletternd, zum fröhlichen Leben nur einiger Brombeerranken bedarf. So auch der Schneider, und es ist kein Schimpf, wenn man ihnen nachsagt, daß ihrer einmal zehn von einer halben Erbse gespeiset, die andere Hälfte aber sich für den folgenden Tag aufgehoben. Lasset die Guten immerhin hungern und fasten, das eben gibt die größten Genies und Humoristen, und wie die humoristische Geiß, so lacht auch der lustige Schneider sich über die alten und jungen Gecken in's Fäustchen, denen er zu Ehren geholfen" usw. Aber weder wegen ihrer Lustigkeit, noch wegen ihrer Genügsamkeit werden die Schneider „Ziegenböcke" genannt sein, sondern man wird mit Uhl [Winiliod 1908 S. 248 f.] von dem Hohnruf „Meckemeck!" auszugehen und diesen aus dem Auf- und Zuklappen der großen Schneiderschere, das durch eine entsprechende Geste nachgeäfft wurde, herzuleiten haben. — Vgl. noch das illustrierte „Schneiderbüchlein. Was aus Volksmund ungezwungen geklungen, Was die Dichter deutscher Zungen gesungen Von der Schneider Thun, der Böcke Gemecke; Alten stärk' es Herz und Lungen und Jungen", Stuttgart 1853).

Ziegenbock-Pferderenner (Berlin, bei Glaßbrenner; vgl. Schell a. a. O. S. 142 aus Elberfeld:

„Und wenn der Schneider reiten will
Und hat kein Geld,
Dann nimmt er seinen Ziegenbock
Und reitet durch die Welt.
Und wenn der Schneider reiten will
Und hat keinen Gaul,
Dann nimmt er seinen Ziegenbock
Und steckt den Schwanz ins Maul").

Zwirn (so heißt der Schneidergesell in Nestroys Posse „Lumpacivagabundus" 1833), Zwirnbock (Gaunersprache, Vorstel a. a. O. S. 14; so wird auch bei Ostwald statt „Zwirnbak" zu lesen sein; vgl. Ziegenbock).

Der Volksmund beschuldigt die Schneider der Dieberei, ja der Mediziner Eduard Reich (Die Ursachen der Krankheiten 1867 S. 106) behauptet, daß sie zum Stehlen disponierten. Ein Sprichwort lautet: „Den Müller kennt man an dem Metzen, Den Schneider an gestohlnen Fetzen." (Das diebische Kleeblatt Müller-Schneider-Weber s. unter Müller!) „Uralt", sagt C. Jul. Weber im Demokritos XI Kap. 13, „ist die Romanze von Meister Fleck, der im Traume vor dem Richterstuhl Gottes steht, wo eine aus allen seinen gestohlenen Flecken zusammengesetzte Fahne über seinem Kopf flattert, so daß er im Schweiß erwacht und seine Frau bittet, ihm täglich zuzurufen: ‚Meister, die Fahne!' Lange wirkte dieser Ruf, zuletzt verlor er allen Eindruck, ein Stück Vigognetuch hatte solche Reize, daß es in die Hölle [1]) fahren mußte, trotz des Zurufes: ‚Meister, die Fahne!'

[1]) „Hölle" ist in übertragener Bedeutung sowohl der verborgen liegende und zum Verbergen geeignete Raum zwischen Ofen und Wand, als auch der verborgene Raum unter der Schneidertischplatte. An beide Stellen — bezüglich der ersteren siehe das im Texte mitgeteilte Zitat aus Weisflog IV S. 19 — wirft der Schneider die „Schmulappen".

— ‚Ach was! von Vigogne war nichts an der Fahne!‘“ Hans Sachs bearbeitete die Geschichte unter dem Titel „Der Schneider mit dem Panier“. Hier redet sich der Schneider damit aus, das von den Kunden Vermißte nach der Maus geworfen zu haben; während er in dem (nach Freys Gartengesellschaft 1556 Nr. 61 und Kirchhoffs Wendunmuth I 1563 Nr. 230 von den Brüdern Grimm, Kinder- u. Hausm. Nr. 35 erzählten) Märchen „Der Schneider im Himmel“ sich vor Petrus mit den Worten entschuldigt: „Kleine Flicklappen, die von selbst vom Tisch herabfallen, sind nicht gestohlen und nicht der Rede werth.“ In Grimmelshausens „Simplicissimus“ 1669 V Kap. 15 heißt es ironisch: „Den Schneidern thut nichts Gestohlenes im Aug' wehe“; Abraham a S. Clara aber sagt im „Etwas für Alle“ 1699 S. 491 f. vom Schneider geradeheraus, daß er „zuweilen solche grosse Fleck auf die Seiten raumt, daß er leicht ein gantzes Wammes mit solchem Diebs-Futter kan versehen“. Diese Flecke werden „Petersflecke“ in der Hofmannswaldauschen Sammlung V 1710 S. 217 („Piters flecke“) genannt; vgl. bei Weisflog a. a. O. IV S. 19 die Worte des Schneiders zu Petrus: „Ich weiß es selbst nicht, wie es kommt, aber Ihr seid der Patron der edlen und löblichen Schneiderzunft, und so wie ein Uebriges bei uns hinter den Ofen fliegt — ach Ihr versteht mich ja! so heißt's ein Petersfleck, oder — den hat der Petrus. Gar recht mag's eben nicht sein, aber es gibt keinen Kunden, der es nicht wüßte und mit Lachen verzeiht.“ Heutzutage sagt man dafür meist „Schmulappen“ (eigtl. Berliner Ausdruck, dessen erster Bestandteil der Gaunersprache entstammt und auf hebr. שְׁמוּעָה d. i. auf Profit abzielendes „Gerede“, dann Profit zurückzuführen ist; vgl. „Schmupfennige“); in Mitteldeutschland auch „Gemetztes“ (vgl. oben: „Den Müller kennt man an dem Metzen“, also nicht ausschließlich auf den Schneider angewandt, ja vielleicht vom Müller herrührend). Ferner wird der diebischen Schneider gedacht z. B. von Hancke (s. oben unter Fix!), in Kortums Jobsiade 1784 III Kap. 13 Str. 3: „Auf den Schneidertischen lagen pêle-mêle Gestohlene Lappen, Schere und Ehle [1])“, von Langbein (I S. 207 der Ausg. d. sämtl. Gedichte v. 1843): „Ihr seid ein Schneider, und wollt rein Von ungerechtem Gute sein?“ Hierher gehört auch die Berliner Parodie auf das bekannte Höltysche Lied: „Üb immer Treu und Redlichkeit Bis an dein kühles Grab Und schneide nur zwei Finger breit Von jeder Elle ab“ (Der Richtige Berliner 6. Aufl. 1904 S. 157 Nr. 290). Und die Leipziger Redensart: „es gimmt e Schneider in Himmel“, wenn zufällig zwei Personen gleichzeitig dasselbe sagen (bei Albrecht 1881), wird auf den Glauben zurückzuführen sein, daß ein Schneider wegen seiner Diebereien nur selten in den Himmel komme. Vgl. noch die volkstümliche Redensart aus Lübeck [Jahrb. d. Ver. f. niedd. Sprachforschg. 1909 S. 35]: „Wat nich de Gewônheit deit! säd de Snider, do härr he'n Stük von sîn egen Tûch stalen.“

Sodann sind die Schneider als l ü g n e r i s ch verschrieen. Eckart (Stand u. Beruf im Volksmund 1900 S. 210) führt an: „Schuster und Schneider lügen gern“ und: „Schuster, Schneider, Leineweber verlogene Leut“, sowie (S. 206): „Schneider und Scher[er] (Barbier) lügen sehr, aber der Schuster noch viel mehr.“ Auch gelten sie für f e i g e. So spricht man, um wenig Mut zu bezeichnen, von „Schneidercourage“ (Albrecht, Die Leipziger Mund-

[1]) Frisch 1741 S. 225: „Einige schreiben Ehle, die meisten Elle.“

art 1881). „Alles mit Mut, sagte der Schneider und schlug seine Frau mit der Elle.“ Das „tapfere Schneiderlein“ erschlägt sieben Fliegen zugleich und stickt deshalb auf seinen Gürtel die Worte: „Siebene auf einen Streich!“ (Brüder Grimm, Kinder- u. Hausmärchen Nr. 20; vgl. auch Simplicissimus II Kap. 28 und die sprichwörtliche Redensart im Portugiesischen: sete alfaiates para matar uma aranha, „sieben Schneider um zu töten eine Spinne“, d. h. viel Lärm um nichts). Man sagt: „schneidermäßig jammern“ (z. B. bei Goethe XIX S. 210). Überhaupt wurde das Schneiderhandwerk lange als unmännlich angesehen, da in den ältesten Zeiten die Frauen die Kleider verfertigten; noch Jean Jacques Rousseau erklärte es für bare Weibersache, und bis in unsere Tage blieb die Verächtlichkeit an den Damenschneidern hangen. So gelten sie denn auch für e i t e l. Man sagt: „mit schneidermäßigem Hochmut gehen“, und im Sprichwort: „Schneider ein Graf, Schuster ein Schaf“. Sie wollen nicht „Schneider“, sondern „Kleidermacher“ u. dergl. genannt werden, und rühmen sich, daß ihr Handwerk das älteste auf der Welt sei, da es aus dem Paradiese herkomme und Gott selbst zum Urheber habe (Adr. Beiers Handwerkslexicon 1722 S. 378)[1]. Ihre Eitelkeit wird auch in dem übrigens politisch-satirischen Gedichte „Aus Ovids Metamorphosen“ von Hoffmann von Fallersleben verspottet. Es lautet:

„1. Es flickt ein Schneider ein Gewand
Für eine Majestät,
Und wie er's hält in seiner Hand
Und in den Falten späht:
O Wunder, Wunder! was schaut heraus?
Eine Laus, eine Laus, eine königliche Laus.

2. Der Schneider hüpft vor Freud' empor,
Sieht sie mit Wollust an
Und holt sein Messer flugs hervor,
Und ach! was macht er dann?
O Wunder, Wunder! er spaltet sie,
Spaltet sie, spaltet sie, dieses königliche Vieh.

3. ‚Die eine Hälfte bleibet mir
Von dieser Königslaus,
Es stecket soviel Blut in ihr,
Ein Fürst wohl wird noch draus.‘
O Wunder, Wunder! er speist sie geschwind,
Und er wird, und er wird, wird ein fürnehm Fürstenkind.

4. Da fragen die Gesellen ihn:
‚Was aber kriegen wir?‘ —
‚Die andre Hälft' ist euch verliehn,
Das ist genug für vier.‘
O Wunder, Wunder! aus der halben Laus
Kommen noch, kommen noch fünfthalb Grafen wohl heraus.

[1]) Nach Weber, Demokritos XI Kap. 13 streiten die Schneider „mit den Kürschnern um Ancienneté, weil Gott der Herr Adam und Eva Röcke von Fellen machte“.

5. Der Lehrjung sah sich Alles an:
‚Herr Meister, sagt mir jetzt,
Hier seh' ich kriegt ja Jedermann,
Was krieg ich denn zuletzt?' —
‚O lecke, lecke das Messer rein,
Und du wirst, und du wirst 'n schlechter Edelmann noch sein.'"

Die Schneider halten sich für gebildet und lieben es, sich gewählt auszudrücken, wie z. B. jener Berliner Schneider, der über ein in Paris angefertigtes Beinkleid sein Urteil also abgab: „Es sind einige recht gute Ideen darin, aber das Ganze ist zu subjektiv gehalten" (Glaßbrenner).

Ferner neckt man die Schneider damit, daß sie so wenig essen und so wenig trinken. Besonders „essen wie ein Schneider" ist sprichwörtlich, denn „neun Schneider haben an einem Ei genug" (Eckart a. a. O. S. 206). Daher „Schneiderkarpfen" für Hering (dafür auch „Schusterkarpfen", vgl. noch „Maurerkotelett" für Handkäse). Weber (Demokritos XI Kap. 13) erinnert an die groteske Übertreibung eines alten Volksliedes:

„‚Es waren einmal die Schneider, sie hatten guten Muth;
Neunzig und neunmal neunzig tranken aus einem Fingerhut',

saßen auf einem Kartenblatt, und da sie zu späte heim kamen, mußten sie durch's Schlüsselloch schlüpfen; sie tanzten auf einem Bocksschwanz, ihr Braten war eine fette Maus, und da sie besoffen waren, krochen sie in eine Lichtscheere, die der Wirth zum Fenster hinauswarf; da lagen da die neunzig und neunmal neunzig Schneider in der Rinne und endeten jämmerlich!" Hierin werden sie auch als leicht von Gewicht verspottet. Dasselbe tun die Volksreime: „'n Schnider un ne Mügg, Dat sind twe sell'ne Stügg; De Mügg de is so keck Un schmitt'n Schnider in'n Dreck" (Eckart S. 206) und: „Tähn Schnider wigen hundert Pund, Wenn se't ne, sind se nich gesund" (ders. S. 207) oder gar: „Un was 'n juter Schneider is, Muß wiejen sieben Fund, Und wenn er das nich wiejen tut, Denn is er nich jesund" (Der Richtige Berliner S. 147 Nr. 109), sowie das Sprichwort: „Neun Schneider machen einen Mann" (Eckart S. 206) und die Redensart: „danzen, as en Snider up de Mehlpamp [d. i. auf dem Mehlbrei] (z. B. in Reuters Stromtid Kap. 9). Vgl. noch für kleine, minderwertige Fische den Ausdruck „Schneider-Fischla" (Taubmanns Plautus-Ausgabe 1612 im Index graec. s. v. ἑψητοί; „Schneider-Fische" bei Frisch). Mit dem leichten Gewicht hängt zusammen: „laufen wie ein Schneider" für „sehr schnell laufen" (Albrecht a. a. O.). Und wer wenig ißt, den frieret; daher „frieren wie ein Schneider" und: „He frust as en Snider, den frust Pinxten up dem Disk" (Eckart S. 208). — Die in verächtlichem Sinne angewandte Redensart „Gevatter Schneider und Handschuhmacher" stammt aus „Wallensteins Lager" von Schiller, 10. Auftritt. Dafür auch „Gevatter Schneider und Schuster" (Marggraff, Johs. Mackel 1841 I, S. 153); vgl. die Parodie auf J. H. Voß' Mailied eines Mädchens: „Seht den Himmel, wie heiter! Lauter Schuster un Schneider" oder: „Seht den Himmel, wie duster! Lauter Schneider un Schuster" (Der Richtige Berliner 6. A. S. 157).

Die so verlästerten Schneider fanden aber auch ihre Verteidiger. Carl Julius Weber z. B. sagt in „Deutschland" II 1827 S. 153: „Ihre Verbrechen gehen selten über Eine Elle, und das ist in unsern Zeiten wahre Kleinigkeit!" und im Demokritos XI, Kap. 13: „Alle Achtung vor Schneidern, sie sind Leute, die Leute machen von außen... Man lache nicht über sie, wenn sie statt des einmal lächerlich gemachten Titels ‚Schneider' sich lieber Kleidermacher nennen; sie dürften sich Leutemacher nennen, vorzüglich Damenschneider..... Schneider und Schuster, wenn sie nicht der Teufel mit Mystik und Pietisterei plagt, ...sind das jovialste Völkchen..." Schließen wir mit den Worten, mit welchen Wilhelm Holzamer seinen „Peter Nockler" (Geschichte eines Schneiders, 1902) beginnt: „Ein Schneider, sag' ich, ist immer ein guter Kerl."

Schornsteinfeger (Essenkehrer, Kaminfeger):

Feuerrüpel (Leipzig; „Rüpel" ist Kurzform von „Ruprecht").

Hiob (Albrecht, Die Leipziger Mundart 1881: „nach seinem Rufen, wenn er zur Esse herausschaut: Hie ob!").

Kaminrat.

Kik in't Rühr (niedd., Mecklenburg, bei Wossidlo, Imperativ. Bildungen 1890 Nr. 177; vgl. das folgende).

Röhrenkiker.

Schornsteinneger (Kindersprache).

Schwarzarschkaffer (Gaunersprache, Günther S. 65 u. bei Ostwald; „Schwarzarsch" nach letzterem s. v. w. Schornstein; über „Kaffer" siehe unter Landmann).

Schwarzer (Albrecht a. a. O.; — auch für einen Geistlichen).

Schwarzkünstler (Kundensprache, Günther S. 65 und bei Ostwald; — auch für einen Buchdr. u. für einen Geistlichen).

Sottje (Hamburg; aus „Sott" d. i. Ruß u. der Deminutivendung „je").

Spacecamin (Abraham a S. Clara, Etwas für Alle 1699 S. 661; aus ital. spazzacammino, welches Berufsbezeichnung ist).

In Westfalen rufen die Kinder dem Schornsteinfeger nach: „Schornsteinfeger, Hosenträger", in Mecklenburg dasselbe mit dem Zusatz: „Flick'n vörn Ors", anderswo in Niederdeutschland (bei Eckart, Stand u. Beruf im Volksmund [1900] S. 208): „Schornsteinfeger, Helldräger [?], Opgehangen, Wedder gefangen" und ähnlich so in Berlin (Der Richtige Berliner, 6. A. 1904 S. 146 Nr. 102): „Schoschtenfejer, Klinkendrejer [„Klinke" s. v. w. Haken], Ufjehangen, Wiederjefangen".

Schreiber (Sekretär):

Affschriwer (niedd., = Abschreiber).

Amtliche Schreibemaschine (Berlin, bei Glaßbrenner).

Blacker (Frisch 1741 S. 102),

Blackscheißer (s. unter Gelehrte!).

Briefelfetzer (Gaunersprache, Günther S. 34; schon im Vocabular. des Liber Vagatorum

1512—16 [Weimar. Jahrb. IV S. 95] und nach Horn [Die deutsche Soldatensprache 1899 S. 28] der alten Feldsprache angehörig; „Fetzer" zu „fetzen" aus lat. facere d. i. machen, anfertigen).

Bsaffot (Gaunersprache, b. Ostwald; eigtl. Brief; wohl für בְּסֹפֶרֶת zu hebr. סָפַר d. i. schreiben).

Bureaukurz, -hengst, -onkel (Soldatensprache, Horn S. 28).

Castrater (niedd., bei Fritz Reuter; statt „Registrator" in Verwechslung mit „Castrator" d. i. Viehverschneider).

Dintenzetter (in einem Volkslied aus d. J. 1544 [Uhland Nr. 264, Sahr II S. 85]; „zetten" d. i. streuen, fallen lassen; also s. v. w. Tintenkleckser).

Fackler (Kundensprache, bei Ostwald; zu „fackeln" s. v. w. schreiben, bes. von der Behörde gesagt, wenn sie im Heimatorte Erkundigungen einzieht; vielleicht von niedd., „fackeln" s. v. w. Umstände machen, langsam zu Werke gehen).

Feberer, Fe(h)mer (Gaunersprache; zu „febern, fe(h)mern" d. i. schreiben und dies zu „Fe(h)m(e)" s. v. w. Hand, welch. aus dem Schwedischen stammt, wo fem „fünf" bedeutet, s. Günther S. 41).

Federfuchser (nach Kluge in einem zu Leipzig 1831 erschienenen studentischen Wörterbuche; auch in Albrechts Leipziger Mundart 1881; „Fuchser" zu „fuchsen", eigtl. wie einen Fuchs behandeln, plagen, vgl. „Pinselquäler" für „Maler"; — auch für Schriftsteller).

Fieberer (Gaunersprache, bei Ostwald) = Feberer, s. oben.

Kassaph (Gaunersprache, b. Ostwald; zu hebr. כָּתַב d. i. schreiben).

Klierhammel (Rob. Hartig [d. i. E. Marré], Berliner Volksdialekt [1905] S. 7; „klieren" d. i. schmieren).

Kuli (Gaunersprache, bei Ostwald; eigtl. Tagelöhner aus China; für einen Schreibergehilfen).

Kulmus (Gaunerspr., Tetzner s. v. welsch; wohl aus lat. calamus s. v. w. Schreibfeder).

Militärischer Kleiderständer (Soldatenspr., Horn S. 28: „weil er meist nur kurze Zeit mit der Waffe ausgebildet ist").

Papiernen Daglöhner (niedd., Münster in Westf.).

Schreiberknecht (Rachels Satiren VIII 1677 V. 439).

Schreiberseele.

Schriftgelehrter (nach Luthers Bibelübersetzung; scherzhaft).

Schriftling (Moscherosch; nach Horn a. a. O. S. 28 wohl der

Feldsprache angehörig; — auch für Schriftsteller).

Schwung (Soldatensprache, Horn S. 28; siehe unter Kaufmann).

Scribax (Studentensprch., nach Kluge in Kortums Jobsiade 1784 und noch 1831 gebucht; zu lat. scribere).

Tintenfisch (Marianne Mewis, Der große Pan 1908 S. 84), Tintenfresser u. Tintenklecker (Eckart, Stand u. Beruf im Volksmund [1900] S. 91; — letzteres auch für Schriftsteller), Tintenlecker u. Tintenpisser (Soldatensprache, Horn S. 28), Tintenstecher (Berlin, bei Glaßbrenner).

Siehe auch unter Beamter!

Schriftsteller:

Abschreiber, Abschriftsteller s. v. w. Plagiator (s. da).

Ausschreiber s. v. w. Kompilator (s. da).

Authhor (statt „Autor", vgl. „Docthor" unter Gelehrte).

Bettelchrist (Carl Jul. Weber [† 1832], Demokritos XII Kap. 2; Volksverdrehung von „Belletrist").

Blackschiter (niedd., bei C. J. Weber, Deutschland III 1828 S. 762: „Wie gemacht für unsere Schmierer und Dintenkleckser ist das unfeine Wort Blakschiter"; siehe unter Gelehrte!).

Bücherfabrikant, Büchermacher (Goekingks Gedichte II 1781 S. 124: „Aus neunundneunzigen das Hundertste zu schreiben, Das ist die wahre Büchermacherkunst! Wo würden sonst von hundert wohl — mit Gunst! Ihr Büchermacher — neunundneunzig bleiben?"; vgl. den Prediger Salomos 12 V. 12: „Viel Büchermachens ist kein Ende"; — dagegen in nichtverächtlichem Sinne: Aeg. Henning, Gepriesener Büchermacher oder von Büchern und Bücher machen, Frankfurt a. M. 1666), Bücherschmierer (s. Schmierer), Bücherschreiber, bes. niedd.: Bäukerschriwer (H. Schliemann soll — nach Warncke, F. Reuter 1899 S. 39 — gesagt haben: „Bäukerschriwen is't beste Geschäft!").

Familienroman-Konfektionär (Walter Nissen im „Blaubuch" V 1910 Nr. 7).

Federfuchser (meist für einen Schreiber, s. da!).

Federheld (C. J. Weber, Demokritos XI Kap. 10; vgl. Held der Feder).

Federkritzler.

Federvieh (Albrecht, Die Leipziger Mundart 1881; nach Gombert in der Zeitschr. f. deutsche Wortforschg. VII S. 139 zuerst in der Zeitung f. d. elegante Welt 1803).

Gedankendieb s. v. w. Plagiator (s. da).

Gelehrter Dieb, Gelehrter Husar s. v. w. Plagiator (s. da).

Held der Feder („Ein Held der Feder" ist ein Roman von E. Werner [d. i. Elisabeth Buerstenbinder] 1872 betitelt; vgl. Federheld).

Kompilator (lat. compilator, eigtl. Plünderer; compilator veterum wurde Virgil wegen seiner Nachahmung des Homer usw. von Hieronymus gescholten; für einen der aus anderen Werken viel zusammenstoppelt).

Lesefrüchtler (für einen der viel aus anderen Werken ausschreibt; so wird z. B. Jean Paul von dem Literarhistoriker Ed. Engel genannt).

Libellant, Libellist (zu lat. libellus d. i. Büchlein; für einen Verfasser von Schmähschriften).

Literarischer Betrüger, L. Dieb, L. Fälscher, L. Hochstapler s. v. w. Plagiator (s. da). (Vgl. auch Vehse, Geschichte der Höfe des Hauses Braunschweig I 1853 S. 204: „Sir Robert Walpole... nannte die Buchmänner nur ‚literarische Wespen und Hornissen'".)

Literrat (Weltzien, Kronika van Rostock 1908; „Liter-rat" statt „Literat").

Lohnschreiber (für einen der nur um des Geldes willen schriftstellert).

Pamphletist (zu engl. pamphlet d. i. Flugschrift; für einen Verfasser von Schmähschriften).

Pasquillant (zu ital. pasquillo; desgl.).

Plagiator, auch Plagiarius (letzteres schon bei Martialis 1, 53, 9 für einen Entwender geistigen Eigentums, während es in Ciceros Epistolae ad Quintum fratrem 1, 2, 2 und noch in Ulpians Digesten einen Menschenräuber od. Seelenverkäufer bedeutet).

Polygraph (aus d. Griechischen, = Vielschreiber).

Pornograph (griech. πόρνη d. i. gemeine Dirne; für einen Verfasser unzüchtiger Schriften).

Rhyparograph (griech. ῥυπαρός d. i. schmutzig; eigtl. für einen „Schmutzmaler", s. unter Maler; neuerdings auch für einen Verfasser unanständiger Schrift.; die Buchhändler nennen diese Gattung „Ripparographie").

Schmierer, Schmierhans (beides Frisch 1741 II 209), Schmierifax (nach Analogie von „Skribifax") (vgl. Platen: „Er schmierte, wie man Stiefel schmiert").

Schreiber.

Schriftling (Harsdörffer, As. Gryphius, Rachels Satiren

VIII 1677 V. 135, J. H. Voß; — auch für einen Schreiber).

Schriftstehler (vgl. M. v. Eckstädt, Ein deutscher Schriftstehler 1887) s. v. w. Plagiator (s. da).

Skribent (zu lat. scribere d. i. schreiben; vgl. Liscows Satire „Die Vortrefflichkeit und Nothwendigkeit der elenden Scribenten gründlich erwiesen" 1736 sowie die „Bibliothek der elenden Scribenten" 1767 ff.), Skribifax, Skribler (engl. scribbler; vgl. die angeblich aus dem Englischen übersetzte Satire „Des Martinus Scriblerus Leben, Werke und Entdeckungen" 1783).

Stegreifliterat (Marggraff, Johs. Mackel 1841 II S. 87).

Sudler (eigtl. für einen schlechten Maler, siehe da).

Tintenkleckser (C. J. Weber, Deutschland III 1828 S. 762; vgl. Schillers Räuber I 2: „das tintenklecksende Seculum"; — auch für einen Schreiber), Tintenknecht (Jean Paul, Schmelzle 1809 S. 8 und Webers Demokritos XI Kap. 10), Tintenschlucker.

Trödelautor (Jean Paul, Politische Fastenpredigten 1817 S. 67; für einen Verfasser wertloser Schriften; man sagt wohl von einem solchen, daß er „Makulatur" [s. meine Druckersprache S. 72] schreibe).

Vielschreiber.

Siehe auch unter Dichter, Kritiker und Tagesschriftsteller!

Schuhmacher:

Altlapper (Frisch, Teutsch-Lat. Wörterb. 1741; s. Schuhlapper), Altmacher (ebenda; s. a. Altreiß), Altputzer (als „Alt-Butzer" bei Frisch), Altreiß (nach Kluges Etymolog. Wörterb. bes. bei Nürnberger Schriftstellern der frühnhd. Zeit für „Flickschuster", als altriuze u. riuze schon mhd. und wohl verwandt mit „Riester"; nach Adr. Beier, Der Meister, 2. A. 1692 S. 169 u. 209 f., in Jena zu den unzünftigen Handwerkern gerechnet, vgl. Hübners Gewerck- u. Handlungs-Lexicon 1755 Sp. 72: „Altreiß und Altmacher ist bey einigen so viel als ein Pfuscher u. Böhn-Haas"; anderswo, z. B. in Nürnberg, Bamberg, Würzburg u. Erfurt, aber zünftig und in Beiers Handwercks-Lexicon 1722 S. 15 definiert als „eine Art von Schustern, so nur alte zerrissene Schue flicken, oder doch nur aus altem Leder Schue von neuen machen dörffen").

Bich-Bech (Callenbach, Genealogia Nisibitarum 1714 S. 115: „Und ihr Meister Nisipellis Schuhmacher, seyd nicht umb ein Haar besser. Ihr Stiffelpletzer, Altreiß cognomine Bich-Bech"; vgl. Meister Pickdraht, Pechfarzer usw.).

Bitzler (Frisch 1741 S. 102: „B. heißt an einigen Orten ein Schuhflicker").

Brettmeister (Adr. Beier, Der Handwercks-Gesell 2. A. 1717 S. 6 u. dess. Handwercks-Lexicon 1722 S. 70, wo das Wort hergeleitet wird „vom Würck-Bret, an welchem er stehet, Leder zuschneidet und Meister-Stelle vertritt"; für den Geschäftsführer bei einer Schuhmachermeisterwitwe), Brettschneider (nach Frisch s. v. w. Brettmeister; vgl. Beiers Handwercks-Lexicon a. a. O.: „es scheinet, die Meister des Schuemacher-Handwercks wolten das Wort Meister nicht allerwegen an die Gesellen kommen lassen" usw.).

Drahtklemmer, Droahttrecker (letzter. niedd., Münster in Westf.; = Drahtzieher).

Flick mir die Schuh' (aus dem alten Kirchenbuch eines Dorfes bei Nürnberg von Keiper, Imperativ. Namen, in der Zeitschrift f. den deutschen Unterr. XVI, 1901, S. 155 Anm. 1 angeführt).

Freischuster s. Freimeister unter Handwerker i. allg. a!

Fußbekleidungsrat (vgl. Bekleidungsrat unter Schneider).

Knieriem, Meister Knieriem (auch der Schustergeselle heißt in Nestroys Posse „Lumpacivagabundus" 1833: Knieriem).

Knierieminalrat (das Vorige mit Anlehnung an „Kriminalrat").

Leckleder (Vilmar, Deutsches Namenbüchlein S. 82; imperativisch für „Lederlecker", s. Zerrfleck).

Meister Fix (G. S. Corvinus, Reifere Früchte der Poesie, Leipzig 1720 S. 57; — sonst für Scharfrichter, „Fix" auch für Schneider, s. da).

Meister Knieriem s. Knieriem.

Meister Leist (W. L. Wekhrlin, Hyperboreische Briefe 1788 ff., in der Auswahl von C. F. Weber 1823 S. 306).

Meister Nisipellis (Callenbach 1714, s. Bich-Bech; „Nisipellis" scherzhafte neulat. Bildung).

Meister Pfriem (Wekhrlin a. a. O.; im Märchen heißt so der alles bekrittelnde Schuster, s. Brüder Grimm, Kinder- und Hausmärchen Nr. 178; vgl. Pfriemer).

Meister Pickdraht (niedd., Mecklenburg; vgl. Lauremberg Scherzged. 1652 I V. 156, wo der Müller dem Schuhmacher vorwirft: „Na Traen un Pekedraet du stinckest als ein Racker", Rachels Satiren VIII 1677 V. 419 f.: „Wer keinen Pechdrat kennt, Der mag mit Wahrheit ja kein Schuster seyn genennt", und das Spottliedchen in dem aus d. Mecklenburgischen stammenden Märchen „Die beiden Wanderer" [Brüder Grimm, Kinder- und Hausm. Nr. 107]: „Nähe mir die Naht, Ziehe mir den Draht, Streich ihn rechts und links mit Pech, Schlage, schlag mir fest den Zweck"; vgl. auch Bich-Bech, Pechfarzer usw.).

Menolimmelochner (Gaunersprache, bei Ostwald; neuhebr. מִנְעָלִים d. i. Schuhe, „Melochner" zu hebr. מְלָאכָה d. i. Arbeit).

Pechfarzer, niedd. Pek(e)fist (Schambach, Göttingisch-Grubenhagensches Idiotikon 1858) u. Pickfister (Mecklenburg u. Münster in Westf.) (die Schuhmacher leiden infolge des vielen Sitzens an Blähungen).

Pechhengst (Studentensprache — nach Kluge in Schnabels Universitätsjahren 1835 — und Kundensprache, Berliner — auch „Pichhengst" — und Leipziger Mundart), niedd. Pickhingst (Mecklenburg).

Pechmalion (Glaßbrenner; mit Anlehnung an den griech. Namen Pygmalion).

Pechvogel (Fritz Peter [d. i. Petermann], Der Nachtwächter von Ellrich [1887] I S. 9; für einen Schuhmacherlehrling).

Pflanzer (Kundensprache, bei Ostwald; nach Günther S. 46 Kürzung v. „Trittlingspflanzer", s. da).

Pfriemer (Kundensprache, bei Ostwald; vgl. Meister Pfriem).

Philosoph auf dem Schusterschemel (Coers, Mundart der Dörfer um Hildesheim, in den Mitteilgn aus dem Quickborn, Jahrg. III Nr. 1 [Okt. 1909] S. 11: „Niu köik eine düssen Filesofen uppen Schausterschämel! De Schausters, dat sind doch alle nahdenklige Köppe un Grillenfängers!"; vgl. J. H. Voß in der Idylle „Der Riesenhügel" [Sämmtl. poet. Werke 1850 III S. 125]: „.... der viel nachdenkende Schuster, Welcher die Thier' ausdeutet der Offenbarung Johannis", und C. J. Weber, Deutschland III 1828 S. 118: „Die Schuster haben den Dreyfuß vom Orakel zu Delphi geerbt, daher Böhm und Consorten prophezeyten, glücklicher Weise aber ist die Mehrzahl nur begeistert — an Jahr- Sonn- und Feyertagen!"; außer Jakob Böhme wäre hier noch mein Landsmann Friedr. Henning aus Sternberg zu nennen, der Verfasser des „Reinen Crystallstroms", der wegen seiner Schwärmereien vor das Mecklenburger Konsistorium zitiert wurde und gegen dasselbe 1783 von Hamburg aus eine Schmähschrift richtete).

Philosophausde Reetzenjasse (Der Richtige Berliner 6. A. 1904 s. v. Reetzenjasse; R. hieß früher die Parochialstraße zwischen der Jüden- u. der Spandauer Straße, wo viele Schuhmacher wohnten und auch noch jetzt wohnen).

Picher (Händlersprache im Hohenzollernschen, bei Kluge, Unser Deutsch S. 85).

Picklapper (niedd., bei F. Latendorf, Zu Lauremberg's Scherzgedichten 1875 S. 11; s. oben und Schuhlapper).

Pinne („Der Schuhmacher Pinne vor Gericht" heißt eine Berliner Szene von Glaßbrenner; „Pinne" = niedd. „Pinn" d. i. hölzerner Nagel).

? Pinsule (Schottelius 1663 mit der Erklärung „tenacissimus homo"), Pinn-Suhl (Richey, Idioticon Hamburgense 2. A. 1755 mit d. Erklrg „karger Filz") und „Pinsugel" (Wörterbuch der Mecklenburgisch-Vorpommersch. Mundart v. Mi 1876 mit d. Erklärg „Pinsel, Einfaltspinsel) (niedd., aus „Pinn" d. i. hölzerner Nagel und „Sul(e)" = Säule, mhd. siule [verwandt mit lat. suo u. sutor] d. i. Pfriem, bzw. „Sugel" [wohl aus einem „Suwel" entstanden und dies aus lat. subula, wie „Pagelun" aus „Pawelun" aus lat. pavonem]; Kluge fragt im Etymolog. Wörterbuch s. v. Pinsel²: „War das Wort eigtl. ein Spottname der Schuster?").

Schuhbletzer (Geilers Postill 1522 Bl. 73 u. Golii [† 1600] Onomasticon bei Frisch S. 109; für einen Schuhflicker; vgl. Stiffelpletzer, u. Hosenbletzer unter Schneider).

Schuhbüßer (= Schuhflicker, s. Altbüßer unter Althändler).

Schuhbutzer (Dasypodii Lex. 1537 bei Frisch S. 161; für einen Schuhflicker).

Schuhknecht (Adrian Beier, Der Handwercks-Gesell 2. A. 1717 S. 10: „Sutores quos alunt ... Servos dicunt, Schue-Knechte, sed ab aliis voce honoratiori dicuntur Schuemachers-Gesellen", und dess. Handwercks-Lexicon 1722 S. 387 s. v. Schuh-Knecht: „Die Schuster-Gesellen schämen sich dieses Nahmens nicht.... Jedoch pflegt der Priester, so sie als junge Ehe-Leute aufbietet, ihrer zu schonen und Schuhmacher-Gesellen zu nennen").

Schuhlapper (Frisch, Teutsch-Lat. Wörterb. 1741; ndd. „Scholapper" bei Lauremberg 1652 III V. 453, mittelniedd. auch bloß lapper, zu lappen d. i. mit Lappen versehen, flicken, also = Schuhflicker; vgl. die Spottreime aus Münster in Westf.: „Schuster lapp lapp, För'n Penning papp papp, För'n Penning Papier, Dat is mi te düer").

Schuster (s. Kluges Etymolog. Wörterb.; häufig in verächtlichem Sinne, auch für andere Berufe, obgleich es die alte oberdeutsche Berufsbezeichnung ist).

Schusterkneif (Leipzig, bei Albrecht; „Kneif“ d. i. kurzes Messer; für einen Schuhmacherlehrling).

Stiefelwundarzt (Weber, Deutschland III 1828 S. 117).

Stiffelpletzer (Callenbach, Genealogia Nisibitarum 1714 S. 115; für einen Schuhflicker; vgl. Schuhbletzer).

Trittlingspflanzer (Kundensprache; „Trittling“ s. v. w. Schuh, zu „treten“, s. Günther S. 61; „-pflanzer“ s. v. w. „-macher“, s. Stumme S. 15), auch Trittlingsmelochner (Gaunersprache, bei Ostwald; s. Menolimmelochner) u. Trittmacher (Kundenspr., bei Ostwald).

Zanckenfleck (Hans Sachs; imperativisch, zu mhd. zangen s. v. w. zerren, vgl. das folgende).

Zerrfleck (Arn. Mengering, Gewissensrüge, Altenburg 1642 S. 1076; imperativisch; vgl. Fischart: „dann were das Leder breit genug, so dörffts der Schuster nicht inn Zänen umbziehen“).

Zerrleder (Vilmar, Deutsches Namenbüchlein S. 85; imperativisch; s. das vorige).

Den Schuhmachern wirft der Volksmund vor, daß sie sehr lügnerisch seien (s. unter Schneider, S. 133). Und nach Adr. Beiers Handwercks-Lexicon 1722 S. 281 sind die folgenden Spottreime „vor diesem ein absonderlich wider die Schuster geführter Spruch gewesen“:

„Montag ist Sonntags Bruder,
Dienstags liegen sie auch noch im Luder,
Mittwoch gehen sie nach Leder,
Donnerstags kommen sie weder,
Freytags schneiden sie zu,
Sonnabends mangeln Pantoffeln und Schuh.“

Obgleich Beier hinzufügt: „Nachdem aber der gute Montag [in Sachsen bereits 1520, s. Beier a. a. O. S. 169] abgeschafft[1]), gehets besser zu“, hörte ich noch Ende vorigen Jahrhunderts jenen Spruch aus dem Munde eines 80 jährigen Mannes in Münster i. Westf.

Segelmacher:

Lappenmann (Frisch 1741 S. 577: qui velorum curam habet).

[1]) Die Schuhknechte in Augsburg gaben 1726 den Anlaß zum Verbot des blauen Montags sowie anderer Mißbräuche durch Reichsgesetz 1731, erneuert 1764; Sonderverbot für den bl. Montag 1772. (Siehe Lichtenbergs Vermischte Schriften n. A. VI 1845 S. 414 f. [zuerst im Götting. Taschenkal. v. 1788].)

Riggerbaas (Seemannssprache, bei Kluge, Unser Deutsch S. 113; vgl. engl. rigger d. i. Takeler, dän. rigge d. i. takeln; niederd. „Baas" d. i. Herr, Meister; für einen Segelmachermeister).

Sackhuhn (Horn, Soldatensprache 1899 S. 38; für einen Segelmacher bei der Marine).

Seifensieder:

Schmierlinghengst (Kundensprache, Günther S. 69 u. bei Ostwald).

Schmutzverbannungs-fabriken-Vorsteher (Glaßbrenner).

Die aus Schiller, Wallensteins Lager, 11. Auftritt, bekannte Redensart: „Das denkt wie ein Seifensieder" bedeutet: er lebt sorglos dahin; vgl. „Johann, den muntren Seifensieder" (Hagedorn 1738; Näheres s. bei Büchmann).

„Seifensieder" bedeutet in der Gaunersprache nach Ostwald einen Taschendieb.

Seiler:

Galgenposamentier (Kundensprache, Günther S. 15 u. bei Ostwald), Galgaposamantierer (Schwaben), Jaljenposementier (Berlin), Galgenstrick (Kundensprache). (Dazu vergl. „Er hat des Seilers Tochter geheiratet", d. h. er ist gehenkt worden, z. B. in Webers Demokritos XII Kap. 1.)

Krebs (Kundensprache, Günther S. 68 und bei Ostwald; weil er sich bei der Arbeit wie dieses Tier rückwärts bewegt).

Linenspinner (niedd.; „Lin" s. v. w. Zeug-, Gartenleine, Strick).

Reepschlägerbaas (Seemannssprache, bei Kluge, Unser Deutsch S. 113; „Repsleger" nach Frisch bei Chyträus 1597 usw., zu niedd. „Re(e)p" = Reif s. v. w. Seil, bes. Schiffsseil; niedd. „Baas" d. i. Herr, Meister für einen Seilermeister).

Strickler (Gaunersprache, Tetzner s. v. welsch).

Von den Seilern wurde sprichwörtlich gesagt: „Sie überwinden das Böse mit Gutem", da es oft vorgekommen sein soll, daß sie alte Stricke mit frischem Werg überzogen und für neue ausgaben (Adr. Beiers Handwercks-Lexicon 1722 S. 15 s. v. Alten Seil-Faden verneuen u. S. 442 s. v. Überwündeln).

Senkgrubenräumer u. dergl.:

Bärenstecher (Apherdiani Tyrocinium 1577 p. 54 bei Frisch S. 62: „heißt in den Niderlanden repurgator latrinarum, latrinarius").

Dreckföhrer (niedd., Münster in Westf.).

Hüsekenfeger (niedd., in Laurembergs Scherzgedichten 1652 III V. 450; „Hüseken" = Häuschen s. v. w. Abtritt).

Lochkönig (Fons Latinitatis 1653 s. v. foricarius).

Meister Hämmerlin (ibidem; eigtl. der Scharfrichter [s. da], der als Abdecker das Räumen der Abtritte u. Senkgruben an manchen Orten mitbesorgte).

Mörchenschleifer (ibidem; Mörche i. e. cloaca, forica, wohl mit Moor verwandt).

Nachtkönig (Wien), Nachtmeister (Lauremberg a. a. O. II V. 479; dänisch natmester).

Racker (s. unter Abdecker).

Renoverer (als neumodischer Ausdruck, den sich diese Leute selbst beilegten, verspottet von Lauremberg a. a. O. III V. 450).

Scheißhausfeger, Scheißhausräumer (Frisch, Teutsch-Lat. Wörterbuch 1741).

Schundkönig (Frisch u. noch Albrecht, Leipziger Mundart 1881; Schund s. v. w. stercus, zu „schinden"; vgl. oben).

Tonnenmann (Kiel).

Soldat:

Balm (Gaunersprache, Tetzner s. v. welsch; s. Palmer).

Doppelt Duch (Berlin; vgl. Zweierlei Tuch).

Dreitrefferhecht (Kundensprache, Günther S. 66 u. bei Ostwald; s. Knallhecht; für einen Feldwebel).

ex quam pluribus (lat., ältere Studentensprache, bei Potorianus [d. i. J. Prätorius], Philosophia Salustiana 1664 p. 178; „= ein Lants-Knecht").

Graben-Füller (Frisch 1741 S. 363: „im Spott ein gemeiner Soldat... qui ad nil utilis quam ad complendas fossas corpore suo in oppugnatione").

Hahn (Gaunersprache, Tetzner s. v. welsch; für einen Unteroffizier).

Knallhecht (Gaunersprch., Günther S. 66 u. bei Ostwald; nach Avé-Lallemant auf eine hechtgraue Uniform anspielend; vgl. Dreitrefferhecht).

Kommiß (s. Horn, Soldatensprache S. 25 f. u. 51).

Kommißbengel (Berlin).

Korpus (Gaunersprache, Günther S. 33; statt „Korporal").

Kriegsknecht.

Launiger (Kundensprache, bei Ostwald; wohl = Löhninger, s. da).

Leminger (oberd. Gaunersprache um 1620, bei Kluge S. 136; wohl s. v. w. Leninger [s. da] mit Anlehnung an hebr. לֶחֶם d. i. Brot; Stummes [S. 23] Ableitung aus בַּעַל מִלְחָמָה d. i. Herr des Krieges „mit eventueller Anlehnung an לֶחֶם, das dieselben Wurzellaute aufweist", dürfte zu verwerfen sein).

Leninger (so hieß der Landsknecht 1598 in der Feldsprache; nach Horn S. 23 entweder zu „löhnen" [s. d. folgende] oder zu „lehnen", näml. auf Nimmerwiedersehen).

Lö(h)ninger (Gaunersprache, Stumme S. 23; s. d. vorige).

Marsjünger, Martissohn (über letzteres s. Horn S. 23).

Palmer (Kundensprache, b. Ostwald; s. unter Offizier).

Rauhbein (Der Richtige Berliner 6. A. 1904; für einen von der fahrenden Abteilung der Feldartillerie).

Rekrutenschinder (für einen Unteroffizier).

Rotkehlchen (Kundenspr., Günther S. 69 u. bei Ostwald).

Schwarzgelber (österr. Gaunersprache, bei Ostwald).

Slackedat (niederdeutsche Volksverdrehung, zu „slackern" d. i. schlenkern).

Strippenjung (D. Richtige Berliner; Strippe s. v. w. Schnur; für einen Husaren).

Tränksoldat (Albrecht, Leipziger Mundart 1881 S. 30; Umdeutschung v. „Trainsoldat").

Vice-Gemeiner (T. M. Pächter, Korl un Lotting 1876 S. 59; so bezeichneten die gemeinen Artilleristen in Stralsund um 1868 einen Rekruten).

?Warmer Bruder. (Wenigstens heißt es auf e. einen Landsknecht darstellenden Kupferblatt von ca. 1625: „Als ich ien woch vom Krieg hört sag, So mit ein warm Bruder sein wolt".)

Zweierlei Tuch.

Die der Soldatensprache angehörigen Schimpf- und Scherzbenennungen für „Soldat" siehe bei P. Horn, Die deutsche Soldatensprache 1899 S. 30ff., 48 ff. u. 140!

In Münster in Westf. hörte ich folgende Spottverse:

„Unt'roff'zier,
Schmächtrige Dier,
Schmant an'n Kragen,
Hunger in'n Magen,
Goldene Tressen,
Nicks te fressen."

Damit vergleiche man die im Richtigen Berliner 6. A. 1904 S. 146 angeführten:

„Kadett, Kadett, Kaldaunenschlucker,
Dragen Hosen ohne Futter,
Jestickte Kragen,
Nischt in Magen,
Joldne Tressen,
Nischt zu fressen."

Stadtverordneter:
Stadtvater.
Stadtverhornter (Landois, Frans Essink III 1892 S. 324).
Steinklopfer (an der Chaussee):
Nußknacker (Kundenspr., bei Ostwald).
Steinsetzer (Pflasterer):
Pathöker (niedd., in Schambachs Göttingisch-Grubenhagenschem Idiotikon 1858; „Pat" = Pfad; „Höker" zu „hocken" s. v. w. gebückt sitzen).
Steinbrüller (Adrian Beiers Handwercks-Lexicon 1722 S. 413).
Straßenjuwelier (Albrecht, Leipziger Mundart 1881).
Stellenvermittler:
Hundefänger (Gaunersprache, bei Ostwald; für den Zuführer eines Stellenvermittlers).
Seelenverkäufer (Kundensprache, bei Ostwald; — s. a. unter Auswanderungsagent).
Stellmacher (Radmacher, Wagenbauer):
Aßemächer, Aßer (rheinl.; zu „Aß" = Achse).
Felgenböger (niedd., Mecklenburg; „Felgen" heißen die krummen Hölzer des Radkranzes; „bögen" = biegen).
Krauter (Adrian Beiers Handwercks-Lexicon 1722 S. 230: „Ein Krauter ist bey denen Wagnern ein Pfuscher").
Krummholz (Kundenspr., bei Ostwald).
Speikenklöwer (niedd., Mecklenburg; d. i. Speichenspalter).
Straßenkehrer:
Besengarde (Wien. Gaunersprache, Günther S. 53 u. bei Ostwald).
Breitkratzer (Kundenspr., bei Ostwald; für einen Straßenwärter).
Damm-Maler (Der Richtige Berliner 6. A. 1904).
Kætelfeger (niedd.; „Kætel" i. e. excrementum).
Klamottenkutscher (Kundenspr.; eigtl. der „zerbrochene Mauersteine" u. dergl. wegfährt).
Knüppelgarde (in Städten Mecklenburgs die mit Besen gleichsam bewaffneten straßenreinigenden Armenhäusler).
Löffeljarde (Berlin).
Majistratsmaler (früh. in Berlin für einen Rinnsteinfeger).
Schmutztruppe (Berlin; mit Anlehnung an „Schutztruppe").
Straßenkitzler (Kundensprache).
Stukkateur:
Jipskonditer (Der Richtige Berliner 6. A. 1904).
Tagesschriftsteller (Journalist):
Artikelfabrikant.
Kleisterer (für einen Re-

dakteur der viel mit dem Kleistertopf arbeitet).

Kommandierender General (ironisch; urspr. von ein. hochstehenden Persönlichkeit mit Bezug auf die amerikanischen Journalisten in ehrendem Sinne gebraucht; „Kommandierende Generäle" in obigem Sinne auch Titel eines Romans von Artur Pleißner 1904).

Krippenfresser (für e. offiziösen, d. h. zu Behörden in Beziehung stehenden T.).

Meinungmacher, bes. mit dem Zusatz offiziöser, auch Trabant offiziöser Meinungmacherei.

Patzer (Wiener Ausdruck, den Saphir [s. unter Maler!] also definiert: „Ein P. im Redigieren hat auch dieselben Blätter, wie ein anderer Redakteur, zum Anstreichen, dieselben Novitäten, dieselben Bücher, aber er patzt, er flickt buntes, fades, dummes Zeug zusammen. Nicht imstande, selbst ein vernünftiges Wort zu schreiben, hält er sich Flickbuben, er näht die kleinen Löcher zu und die großen Löcher bleiben offen, — er patzt Lügen und Fadheiten zusammen, er patzt Ankündigung auf Ankündigung, er batzt und patzt, aber der Riß ist nicht zuzuflicken; das ist ein ‚P.' unter den Redaktionen").

Preßbengel (soll einmal von einer hochstehenden Persönlichkeit gebraucht worden sein).

Preßtrabant (für einen offiziösen T.).

Reptil (für einen offiziösen T., s. Büchmann; — „Reptilis" nennt Hagedorn, Versuch einiger Gedichte 1729 S. 61 einen Dichter).

Revolverjournalist (f. einen skandal- u. erpressungssüchtigen T.; „Revolverpresse" seit den 70er Jahren des 19. Jh., s. Ladendorfs Hist. Schlagwörtb. S. 273).

Scherenarbeiter (für einen Redakteur der viel mit der Schere arbeitet, viele Artikel aus anderen Zeitungen ausschneidet).

Schlachtenbummler (so hießen, nach dem Richtigen Berliner 6. A. S. 108, „während der letzten Feldzüge Begleiter des Hauptquartiers ohne militärische Stellung, besonders Berichterstatter der Zeitungen").

Schlammbader (früher, nach H. Wuttke, Die deutschen Zeitschriften 1875 S. 276, für Mitarbeiter des Berliner Regierungs-Preßbureaus).

Schmock (Person in Gust. Freytags Lustspiel „Die Journalisten" 1854; vgl. auch F. Mauthners Satire „Schmock od. die litterarische Carriere der Gegenwart" 1889; für einen T. niedrigster Sorte).

Schornalist (Seb. Brunner [† 1893]; wegen der jüdischen Aussprache von „Journalist"; für einen jüdischen T.).

Sitzredakteur (nach dem 9. Mai 1874 aufgekommene Benennung für einen Redakteur der an Stelle des wirklichen Redakteurs als verantwortlich zeichnet und daher unter Umständen auch die gerichtlich verwirkten Strafen abzusitzen hat, vgl. Ladendorf S. 288).

Tintenkuli („Kuli" s. unter Schreiber; für einen abhängigen T.).

Trabant usw. s. Meinungmacher, vgl. Preßtrabant.

Upsnapper (niederd., Finkenwärder bei Hamburg, Mitteilungen aus dem Quickborn 1909 S. 74; für einen Berichterstatter).

Wippchen (Jul. Stettenheim schrieb „Wippchens sämtliche Berichte" 1878 ff., s. Büchmann; für einen lügenhaften Berichterstatter).

Zeilenschinder (für ein. T. der die Worte auszieht), Zeilenschreiber.

Zeitungsmensch, Zeitungsschmierer, Zeitungsschreiber.

Im allgemeinen sei nur erinnert an die Definition: „Ein Zeitungsschreiber ist ein Mensch, der seinen Beruf verfehlt hat" (auf einer Äußerung Bismarcks 1862 beruhend, s. Büchmann), und aus Wuttke a. a. O. S. 65 angeführt: „Den Herausgebern ... halfen schöngeistige Leutnants und Referendare, auch manches dichterisch gestimmte Fräulein, welche in diesen Blättern (um einen Ausdruck anzuwenden, den der große Litterarhistoriker Wachler [† 1838] in seinen Vorlesungen brauchte) ihre litterarische Nothdurft verrichteten" (vgl. Frisch 1741 II 209 „ein elender Schmier-Hans, scriptor proletarius, qui chartas concacat" und G. A. Bürger, Gedichte S. 89 der Ausg. v. 1860: „Beherzigt doch das Dictum: Cacatum non est pictum").

Siehe auch unter Dichter, Kritiker und Schriftsteller!

Tambour:

Knüppeljung (Münster in Westf.).

Tambauer (Der Richtige Berliner 6. A. 1904 S. 121).

Tambidel (ebenda; zur Endung -idel vgl. vielleicht niedd. „kandidel" d. i. heiter).

Der Soldatensprache angehörige Ausdrücke, z. B. „Fellraßler" (schon bei Zesen), s. bei Horn S. 34 u. 35!

Tanzlehrer:

Hopser (eigtl. Tänzer).

Meister Firlefantz (Rachel 1664 Sat. VI V. 305; mhd. firlifanz u. firlei d. i. eine Art Tanz, nach Frisch aus franz. faire l'avance, nach Kluge aus franz. virelai d. i. Ringellied).

Techniker:

Technickel (mit Anlehnung an die allgemeine Schelte „Nickel", die eigtl. daemon bedeutet).

Telephonistin:

Quasselfräulein (zu „Quasselstrippe", Verdeutschung von Telephon, aus niedd. „quasseln" d. i. schwatzen u. „Strippe" d. i. Strang).

Tierarzt:

Doktor der Unvernünftigen (Soldatensprch., Horn S. 127; vgl. Fritz Reuter, Läuschen un Rimels I Nr. 20 V. 4: „Hei doktert blot de Unvernünft'gen"; für einen Roßarzt).

Pomaisl (so nennen, nach Horn S. 127, die österreichischen Kavalleriekadetten den Roßarzt).

Viehmuse (Studentenspr., im Richtigen Berliner 6. A. 1904 S. 132; für einen Studierenden der Tierärztl. Hochschule).

Tischler (Schreiner):

Dischercklotz (niedd., Mecklenburg).

Hobelhengst (Kundenspr., Günther S. 69 u. bei Ostwald), Hobelist, Hobeloffizier (Kundenspr., Günther S. 53 u. bei Ostwald) (vgl. „Meister Hobel" bei Weisflog 1825 u. „Hobelmann", wie der Tischlermeister in Nestroys Posse „Lumpacivagabundus" 1833 heißt).

Holzwurm (Kundensprch., Günther S. 69 u. bei Ostwald).

Knurnstöter (ndd., Mecklenburg; „der die Knorren abstößt" mit dem Hobel).

Kuhschwanz s. unter Handwerker i. allg. c.

Leimrat (Kundensprache, Borstel 1903 S. 7 u. bei Ostwald), Leimtiegel (Leipzig) (der Tischlergeselle heißt bei Nestroy a. a. O. „Leim").

Schrubber (niedd., Mecklenburg, bei Latendorf, Zu Lauremberg's Scherzgedichten 1875 S. 11; schon bei Lauremberg 1652 I V. 163 ff. heißt es: „Ein Smidt den Sniddeker [= „Schnitker", Berufsbezeichnung in Beiers Handwercks-Lexicon 1722 S. 432] plecht spötlick tho verhönen, ‚All dyn Verstand', segt he, ‚de falt di manck de Spöhnen, Ein Skrubber bistu doch bi diner Hövelbanck"; zu „schrubben" s. v. w. aus dem Gröbsten hobeln).

Abraham a S. Clara, Etwas für Alle 1699 S. 550 spottet: „Es sind etliche Tischler nicht weit her, aber gleichwohl scheinte es, als wären sie gar aus Morgenland kommen, weil es immerzu bey ihnen heist: Morgen, morgen, morgen wirds fertig, morgen solls der Herr haben." Aber, wie es bei Glaßbrenner heißt, „en Dischler is immer anständig."

Töpfer (Hafner):

Aulenbäcker (Trier; zu „Aul“ = mhd. ûle, ahd. ûla aus lat. olla d. i. Topf).

Elementendrechsler (Kundensprache; vgl. Elementenfärber unter Brauer).

Euler, Eulner (Hessen; s. Aulenbäcker).

Kachelrat (Mecklenburg).

Klamotterich (zu berlinerisch „Klamotte“ d. i. zerbrochener Mauerstein u. dergl.).

Krugbäcker (Cöln u. Nassau; für den Verfertiger von tönernen Krügen).

Laim-Trescher (Abrah. a. S. Clara, Etwas für Alle 1699 S. 528; sie „arbeiten den Laim nit recht“, ebenda; vgl. Eckart S. 212: „Der Töpfer, so den Lehm nicht tritt, Verfertigt keinen Topf damit!“).

Schitklarrer (ndd., Mecklenburg, bei F. Latendorf, Zu Lauremberg's Scherzgedichten 1875 S. 11; „der im Schmutze herumrührt“; — auch für einen Ziegler).

Tepperfiest (s. unt. Handwerker i. allg. c; für einen Töpferlehrling).

T(h)onkünstler (mit gedanklicher Anlehnung an Musikus; schon von C. J. Weber, Deutschland III 1828 S. 267 scherzhaft als Berufsbezeichnung vorgeschlagen).

„'nnarrschen Pötter“ sagt man im Niederdeutschen für einen närrischen, wunderlichen Kerl, und der Berliner ruft „Tepper!“ über einen ungeschickten Menschen (Der Richtige Berliner 6. A. S. 122). In Leipzig sagt man, nach Albrecht: „reden wie e Töpper“, d. h. albern reden, „sich freuen wie ein T., der umgeschmissen hat“, d. h. albern lachen, sich ausgelassen freuen, und „Töpperlateinisch“, d. h. Küchenlatein, alles was einem unverständlich ist. Müller-Fraureuth führt in seinem Wörterbuch der obersächs. u. erzgeb. Mundarten S. 242 die ironische Redensart: „Du verstehst den Dreck, kannst Tepper wern“ für „Du bist überklug“ an; ähnlich heißt es im Elsässischen. — Vgl. auch Eckart, Stand u. Beruf im Volksmund S. 212: „Klicks klacks Tepperdreck, Tobacknäs' on Bêrkrôg! ös dem Tepper sin Eregruß.“

Die nach Christoph v. Tiedemann (in seinen Memoiren 1909) von Bismarck in größter Ratlosigkeit gebrauchte Redensart: „Na, Pötter, wat makt wi nu?“ stammt vom Großherzog Friedrich Franz I. von Mecklenburg-Schwerin († 1837). Vehse berichtet darüber in seiner Geschichte der kleinen deutschen Höfe II S. 278 folgende Anekdote: „Der Herzog hatte einst in Doberan sein ganzes Geld bei der Spielbank verloren, er sprach einen reichen Töpfer aus Rostock um einen Vorschuß an. Der Töpfer entschuldigte sich, daß er in ganz gleichem Falle sei, wie der Herzog, auch er habe sein ganzes Geld verloren. ‚Was sollen wir anfangen?‘ fragte treuherzig der Herzog. ‚Was sollen wir anfangen,‘ erwiderte noch treuherziger der Töpfer, ‚ich gehe nach Rostock und mache neue Töpfe und Sie machen eine neue Steuer.“ Ich hörte als Knabe die Geschichte mit obiger plattdeutscher Frage und der Antwort: „Ick mak wedder Schalen un Pött, un Sei schriwen Kunterbutschon [= Kontribution] ut.“

Totenfrau (Heimbürgin):

Kalaunwäscher'n (Albrecht, Leipziger Mundart; = Kaldaunenwäscherin).

Likhaun (Schambach, Göttingisch-Grubenhagensches Idiotikon 1858 mit der Erklärung: „die sogen. Todtenbitterin, welche d. Leichenzuge vorangeht und so die Nähe einer Leiche verkündigt"; = Leichenhuhn, eigtl. der Steinkauz, der wegen seines als „Kumm mit!" vom Landvolk gedeuteten Rufes für einen Todesboten gilt).

Totengräber:

Begerkaval (Gaunerspr., Karmayers Glossar v. J. 1835, s. Günther S. 69; aus hebr. פֶּגֶר d. i. Leiche und כָּפַל d. i. zusammenfalten, -legen [vgl. Kaviller unter Abdecker; nicht, wie Günther will, lat. caballus d. i. Pferd]).

Grab-Prüchel (Vetus Vocabularium 1482 bei Frisch S. 363); vgl. „Prickel" s. v. w. Stupfeisen [ebenda II 71] zu „pricke(l)n" d. i. stechen).

Kuhlengräwer (niedd.; „Kuhl" d. i. Grube, Loch).

Schoband (s. unter Abdecker).

Versenkungsrat.

Trinkbudenmädchen:

Kohlensaure.

Sodaliske (Der Richtige Berliner 6. A. S. 116; zu „Soda", mit Anlehnung an „Odaliske" d. i. Haremsdienerin).

Tuchmacher, Tuchscherer:

Eschweihe (Frisch 1741 S. 232 u. Krünitz, Oeconomische Encyklopädie XXI 1780 S. 517 Anm.; für einen unzünftigen Raschmacher).

Fettläppchen (Kundensprache, Günther S. 75 Anm. 79 u. bei Ostwald).

Fettmacher (Beiers Handwercks-Lexicon 1722 S. 120: „...ist ein Schimpff-Wort, wodurch die Ober-Teutsche Tuchmacher die Nieder-Ländischen verunglimpffen"; dort wird Schröters Fürstl. [Sächs.] Schatz- u. Renth-Cammer zitiert, wonach „die Holländischen Meister in unseren Landen gewesen und nach ihrer Art zu arbeiten etliche Teutsche unterrichtet: wie bald die Teutsche Tuchmacher-Zunfft jene Fettmacher geheissen und vor unredlich erkläret").

Flockendrescher (Beier a. a. O. S. 125 u. 323; eigtl. die welche Flockentuche, „eine gering und verächtliche Wahre und Mißwachs", verarbeiten, „werden derowegen unter den andern nicht gelitten"; „gestalt auch zwischen denen Cramern und Meißnischen Tuchmachern vor dem Fürstlichen Br. und Lünb. Hof-Gerichte zu Wolffenbüttel ein lang und kostbarer Process entstanden, daß die ersten solten die andern vor

Flocken-Trescher gescholten haben").

Grautücher (Frisch S. 368: „die geringsten unter den Tuchmachern, weil dergleichen Farb nur die geringsten Leute, Büssende, und Bettel-Mönchen getragen").

Ludelmacher, Ludler (Beier a. a. O. S. 257, vgl. 134, u. Frisch S. 626; nach beiden für einen untüchtigen Tuchmacher, der „Ludeln" macht; nach Krünitz a. a. O. für einen unzünftigen).

Scherkind (Beier a. a. O. S. 361: „Es sollen, der Sage nach, die Tuchmacher anfangs nicht nur gewürcket, sondern auch geschoren haben, und jetzige beyde Handwercke damahls eins gewesen seyn. Hätten auch über dies letztere also steiff gehalten, daß sie solches keinen als ihren Kindern gewiesen, woher denn kommen, daß die Tuchschärer biß jetzt noch ihre Gesellen Schär-Kinder hiessen. Die Gesellen selbst geben sich keinen andern als diesen Nahmen, und wenn sie einen zum Gesellen sprechen, wobey denn ein Gesell seyn muß, giebt er lediglich seinen Tauff-Nahmen an den Tag, an statt des Zu- und Geschlechts-Nahmen aber nennet er sich nach Handwercks Gebrauch von seiner Lehr-Stadt, v. g. Hanß Georg Schär-Kind von Leipzig"; Frisch II S. 168 erklärt „Schär-Kinder" durch: „die den Tuchscherern an die Hand gehen"; sicher urspr. scherzhaft).

Die Tuchscherer und Raschmacher feierten, nach dem Richtigen Berliner 6. A. S. 167, früher in Lichtenberg bei Berlin ein sogenanntes Mottenfest.

Uhrmacher:

Kaffeemühlenschleifer (Kundensprache, bei Ostwald; „Kaffeemühle" s. v. w. Uhr, die aufgedreht wird).

Klockenflicker (niedd., Holstein), Klockenschauster (niedd., Mecklenburg).

Luppchenpflanzer (Kundensprache, bei Ostwald), Luppertschuster (Borstel 1903 S. 13) (zu „Luppe" usw. s. v. w. Uhr, eigtl. die Laufende?, vgl. mhd. lupfen s. v. w. sich schleunig bewegen).

Radmaker (niedd., Holstein u. Oldenburg).

Tickmelochner (Kundensprache, bei Ostwald; „Tick" s. v. w. Uhr; „Melochner" zu hebr. מְלָאכָה d. i. Arbeit).

Uhrndokter (niedd., Holstein).

Zahlblick (Gaunersprache, Günther S. 75 Anm. 79 u. bei Ostwald).

Der Berliner sagt vom Uhrmacher: „Der pust 'n Kuchenkrümel aus de Uhr, un det kost 'n Daler" (Der Richtige Berliner 6. A. S. 69), und bei F. Reuter, Ut de Franzosentid, Kap. 3 heißt es: „Einen Uhrmaker möt einer nich blot dorför betahlen, dat hei an de Uhr wat makt hett, ne, ok dorför, dat hei dor nix an makt hett.“

Varietésängerin:

Brettldiva (ital. „Diva“ d. i. die Göttliche, übh. für eine gefeierte Bühnenkünstlerin).

Divette (ital. „Diva“ mit Endung wie in „Soubrette“ od. dem folg.).

Tingelette, Tingeltangeleuse (berlinerisch „Tingeltangel“ schallnachahmend für eine niedere Singspielhalle, vgl. engl. to tingle).

Varieté-Prinzessin (Titel eines Romans von Rudolph Jura [d. i. Hirschberg] 1905; vgl. Theaterprinzessin).

Vogelhändler:

Vogelfritze (Albrecht, Leipziger Mundart 1881).

Vogel-Merten (Fons Latinitatis 1653 s. v. aviarius; „Merten“ = Martin).

Vogel-Towis (Albrecht a. a. O.; „Towis“ = Tobias).

Volkswirtschaftler (Nationalökonom):

Kathedersozialist (von H. B. Oppenheim 1872 geprägt, s. Büchmann).

Weber:

Galgenvagel (niedd., Mecklenburg, bei F. Latendorf, Zu Lauremberg's Scherzgedichten 1875 S. 11; „Galgen“ heißt ein Teil des Webstuhls).

Garnlinghengst (Kundensprache, Günther S. 69 u. bei Ostwald).

Himmelsfechter (Mecklenburg; weil er in dem Webstuhl gewissermaßen zwischen Himmel und Erde hangend herumficht; — s. a. unter Handwerker i. allg. b).

Läppchen (Kundensprache, bei Ostwald; — s. a. unter Handwerker i. allg. b), Lappen (Günther S. 75 Anm. 79).

Luchzeisker (Schlesien, b. P. Drechsler, Handwerkssprache und -brauch [1896] S. 19; „Luche“ s. v. w. Wollfasern, Abfall; „Zeisker“ = Zeisig).

Lumpenspinner (Kundensprache).

Schlechtfrasser (Schlesien, bei Drechsler S. 16; „Schlecht“ = Schlichte d. i. eine Art Kleister, womit die aufgebäumte Kette bestrichen, geschlichtet wird; also etwa „Kleisterfresser“).

Schlingschinägler (Gaunersprache, Günther S. 44 f.; „Schinägler“ d. i. Arbeiter zu „Schin-agole“ d. i. Schubkarren).

Schneepflanzer (Kundensprache, Günther S. 65 u. bei Ostwald; „Schnee“ s. v. w. Leinwand).

Schundläppchen (Kundensprache, bei Ostwald).

Schüttelläppchen (Gaunersprache, bei Ostwald).

Schwartenrutscher (zu „Schwarte" d. i. dicke Haut).

Spulkater, ndd. Spaulkater („Spule" s. v. w. Webschiffchen, „Kater" wohl wegen des Surrens beim Weben).

Wäwrschnätschker (Schlesien, bei Drechsler S. 16; „Weberschwätzer"?).

Wewerknecht, Wewerknuppen (niedd., Mecklenburg; „Knuppen" s. v. w. Knoten).

Die Weber gelten für diebisch. In dem Liede von den Leinewebern (Schade, Deutsche Handwerkslieder 1865 S. 237 f.) heißt es: „Die Leineweber stehlen alle Tag einen Strang [Garn]; Ist er nicht kurz, so ist er doch lang"; und: „Der Leineweber schlachtet alle Jahre zwei Schwein'; Das eine ist gestohlen, das andre nicht sein". (Siehe auch unter Müller, S. 100.) Grimmelshausen sagt in seinem Simplicissimus 1669 V Kap. 15 ironisch: „Die Weber bleiben aus Redlichkeit so arm, daß sich auch keine Mäus' bei ihnen ernähren können, denen sie etwa ein Knäul Garn nachwerfen müßten" (vgl. die Ausrede des Schneiders bei Hans Sachs oben S. 133). Und nach Abraham a S. Clara, Etwas für Alle 1699 S. 499 wurde nicht wenig geklagt, „daß, ohngeacht die Weber den Galgen stets vor Augen haben, (dann also nennen sie den Weber-Stuhl) gleichwohl nichts diebischer seye, als etliche aus ihnen, ... Es wird auch nicht bald ein Handwerck seyn, welches mehrer dem Fluchen und Schelten ergeben, als viel aus diesen...". Auch für verlogen gelten sie; s. unter Schneider, S. 133. — Nach dem Richtigen Berliner 6. A. S. 167 feierten die Leineweber früher in Pankow ein sogenanntes Fliegenfest.

Weingärtner:

Heine (Heilbronn; Zeitungsberichten zufolge wurde dort 1900 der Antrag, zur Erinnerung an den Dichter Heinrich Heine eine Straße zu benennen, deswegen abgelehnt, weil in der Stadt die Weingärtner den Spitznamen „Heine" tragen).

Wollarbeiterin:

Wollmaus (Hamburg; für eine mit dem Sortieren der Wolle beschäftigte Arbeiterin in einer Wollfabrik).

Zahnarzt:

Tähnbreker (niedd.; = Zahnbrecher, wie früher der umherziehende Zahnarzt hieß, der sich in marktschreierischer Weise dem Publikum anpries, weshalb man sagte: „Er schreit wie ein Zahnbrecher" [Langbeins Gedichte II S. 108 der Ausg. v. 1843]).

C. J. Weber († 1832), Demokritos XI Kap. 3 erwähnt die sprichwörtliche Redensart: „Er lügt wie ein Zahnarzt."

Zeitungsausträgerin:

Blättkeswîf (niedd., Münster i. Westf.).

Dienstmagd der Klio (Glaßbrenner; „Klio" die Muse der Geschichte, die mit Schreibrolle und Griffel dargestellt wird).

Ziegler:

Feldkonditor (Kundensprache, bei Ostwald).

Klutenbäcker (niedd., Mecklenburg; „Kluten" d. i. Erdklöße, Lehm).

Leihmbacks u. Leihmtrader (niedd., Mecklenburg) (aus „Leihm" = Lehm u. „Backs" zu „backsen" d. i. kneten; bzw. zu „Leihmtrade" d. i. Lehmbahn).

Luftkonditor (Kundensprache, bei Ostwald).

Schitklarrer (niedd., Mecklenburg; — auch für einen Töpfer, s. d.).

Zigarrenhändler:

Zigarrenfritze (Berlin).

Zigarrenmacher:

Pipendreher (Kundensprache, bei Ostwald), Pipendreiher (niedd., Mecklenburg) („Pipe" s. v. w. Wickel, eigtl. Röhre [vgl. „Pipenleger"]).

Püppchenwickler (Kundensprache, bei Ostwald).

Zigarrentrilker (Hessen-Cassel; zu „trilken" d. i. drehen).

Zimmermann:

Blauer, Blauklot (Seemannssprache, bei Kluge, Unser Deutsch S. 112; vgl. „Blaujacke" für Schiffer; niedl. kloot = Kloß, eigtl. Kugel, dann beschränkter Mensch; für einen Schiffszimmermann).

Dachhase (nach Kluges Etymolog. Wörterb. s. v. Böhnhase im Salzburgischen für den unzünftigen Zimmermann; eigtl. s. v. w. Katze; auch — in der Gaunersprache — für einen Dachdecker).

? Hümpler s. unter Handwerker i. allg. a; vgl. Spänling.

Klamphauer (Seemannssprache, bei Kluge, Unser Deutsch S. 112; niedl. klamp d. i. Klammer, hölzerner Seilhalter; Horn, Soldatensprache S. 38 schreibt „Klumpenhauer"; für einen Schiffszimmermann).

Kracherschinnagler (Gaunersprache, Günther S. 44f.; „Schinnagler" d. i. Arbeiter zu „Schin-agole" d. i. Schubkarren).

Lattenhauer (Frisch 1741 S. 582; „Latte" s. v. w. Dachholz, Sparren, wofür früher „Rafe", woher „Rafenmacher" [Vetus Vocabularium v. 1482 bei Frisch II 82]).

Meister Winkelmat (niedd., Mecklenburg, z. B.: „Ick will di dat mal glik wisen, wo M. W. [in Westfalen u. im Göttingischen: de Timmermann] dat Lock laten hett", d. h.: Ich will dir sogleich die Tür zeigen, dich hinausweisen; „Winkelmat" = Winkelmaß).

Scharwerker s. unter Maurer.

Schränker (Kundensprache bei Ostwald; — auch für einen Einbrecher).

Spänling (Kundensprch., bei Ostwald; vgl. Brants Narrenschiff 1494 Nr. 48: „Böse Zimmerer viel Späne machen" und Lehmans Florilegium Politicum auctum 1662 S. 394: „Ein böser Zimmermann macht viel grobe Spän").

Zimmerling (F. Reuter, Ut mine Stromtid, Kap. 38).

Zimmerochse (nach F. Latendorf, Zu Lauremberg's Scherzgedichten 1875 S. 11 nur in Verbindung mit „Maurerrindvieh" d. i. Maurer).

Die Zimmerleute gelten für faul (vgl. z. B. Abraham a S. Clara, Etwas für Alle 1699 S. 575 f.) und werden deswegen „Laurer" genannt (siehe unter Maurer!). Ihre Lässigkeit wird am besten beleuchtet durch das Sprichwort: „Die Zinkmerleute bauten Noahs Kasten, aber sie gingen nicht hinein" (Eckart, Stand u. Beruf S. 214), ausführlicher: „Mancher weiß viel vom Himmel zu reden vnd zu schreiben, wil doch das nit thun, dadurch man in Himmel kompt, Zimmerleut haben an der Archen Noe gearbeitet, vnd sie bleiben draussen" (Lehmans Florilegium S. 419). Auch spottet der Volksmund: „Die Zimmerleute sind leichte Leute; sie müssen sich beschweren, wenn sie nach Hause gehn, daß sie der Wind nicht wegführt" (Eckart a. a. O.). Es haben nämlich, nach Beiers Handwercks-Lexicon 1722 S. 121, „diejenige, so am Bau begriffen sind, sich selbst einen würcklichen Feyer-Abend ersonnen und ufbracht, daß [sie], wenn sie von der Arbeit abtreten, ein Stück Holtz, wenn es noch etwas kurtz, an der Axt, oder da es hierzu zu lang, unter dem Arm, als ein gehörigs accidens öffentlich und ohne Scheu, unter dem Nahmen des Feyer-Abends, mit heim nehmen". Ferner macht man sich über das Zimmermannsmaß lustig und spricht von „Timmermannshôr" (niedd. Hor = Haar; es kommt ihm auf ein Haar nicht an, s. C. F. Müller, Der Mecklenburger Volksmund in F. Reuters Schriften 1902 Nr. 736 u. Schambach, Göttingisch-Grubenhagensches Idiotikon 1858 s. v.): entweder „haut" der Zimmermann „über die Schnur", oder er nimmt das Maß zu kurz; in letzterem Falle setzt er nachträglich eine „Zimmerlaus" (Stückchen Holz) ein (Hübners Gewerck- u. Handlungs-Lexicon 1712 s. v.).

Zollbeamter:

Finanzer (oberd., bei Max Geißler, Hütten im Hochland 1905 S. 89; eigtl. Finanzbeamter; für einen Grenzwächter).

Grüner, Grünrock (nach der Uniform; — letzteres auch für einen Jäger).

Paotenspitz (niedd., Westfalen, bei Landois, Frans Essink [zuerst 1880] I S. 170; „Paote" = Pforte, Tor; „Spitz" s. v. w. Aufpasser; für einen Torwärter, der auf Schmuggelware zu achten hat).

Spinatwächter (Österreich; — früher für einen Polizeisoldaten in der Soldatensprache, s. Horn S. 122).

Spurius (Martin Bücking,

Brackwasser 1907 S. 29: „Der Supernumerarius wird in den Kreisen der Zollbeamten per abbreviaturam ‚Spurius' genannt; lat. spurius bedeutet: unehelich, unecht).

Zöllner (nach Luthers Bibelübersetzung; verächtlich und scherzhaft; in letzterem Sinne z. B. in „Liederbuch für Deutschlands Zöllner" [Berlin 1899]).

fach den Verdeutschungsbestrebungen Angriffspunkte geboten, und die Zusammenstellung auf S. XX bietet wertvollen Stoff für die Geschichte der Verdeutschungen. Überhaupt ist das Buch sorgfältig und angemessen gearbeitet ...“

Otto Behaghel im Literaturblatt für germanische und romanische Philologie. 1901. Nr. 7.

* * *

„Den bisherigen Darstellungen deutscher Berufssprachen bringt die vorliegende Sammlung einen sehr erfreulichen Zuwachs ... Der Verfasser schöpft aus einem umfangreichen Quellenmaterial, das er mit kritischen Bemerkungen verzeichnet, zieht aber im Texte auch viele andere, nicht der technischen Literatur seines Stoffes zugehörige Schriften heran, wodurch der Wert der Arbeit wesentlich erhöht wird; nur beispielshalber vgl. unter dem Wort „Folio“.... Die Bedeutung der nicht aus fremden Sprachen entlehnten Wörter analysiert der Verfasser in ansprechender Form nach verschiedenen Gesichtspunkten ihrer Herkunft.“

Johs. Luther in der Deutschen Literaturzeitung. 1901. Nr. 49.

* * *

„Ein ganz famoses Gegenstück zu Kluges „Studenten“- und Horns „Soldatensprache“! Auf Grund von alten und neuen Quellenschriften liefert Klenz ein durchaus zuverlässiges Wörterbuch der deutschen Drucker(-, Setzer- und Schriftgießer-)sprache, das nicht nur in den Kreisen dieser drei Gewerbe, sondern auch in denen der Schriftsteller, Gelehrten und Aller, die irgendwie mit der Presse und dem Buchdruck etwas zu tun haben, über manchen dunkel oder ganz unverständlich gewordenen Ausdruck (vgl. „musiert“!) Aufklärung zu geben, also Segen zu stiften berufen ist ...“

Wissenschaftliche Beilage der Leipziger Zeitung. 1900. Nr. 131.

* * *

„Nicht blos Buchdruckern und Philologen wird diese Gabe zur Gutenbergfeier hochwillkommen sein; alle diejenigen, die an der Geschichte der Arbeiterklasse Anteil nehmen, werden dieses Buch als wertvolles Hilfsmittel für eine spätere Geschichtsschreibung der sozialen Entwicklung unseres Landes schätzen....“

Die Neue Zeit. 1900/1. Nr. 5.

* * *

„Es ist eine gediegene, grundlegende Arbeit ....“

Zeitschrift des Allgemeinen Deutschen Sprachvereins. 1901. Nr. 9.